无刺黄瓜优质高产栽培技术

张和义 唐爱均 王广印 编著

U0298204

金盾出版社

内 容 提 要

本书由西北农林科技大学张和义教授等编著。内容包括：概述，植物学特征，类型和品种简介，生长发育过程，对环境条件的要求，育苗与嫁接，栽培技术和病虫害防治。语言通俗简练，内容科学实用。可供广大农民、种菜专业户、部队农副业生产人员和农业院校有关师生阅读参考。

图书在版编目(CIP)数据

无刺黄瓜优质高产栽培技术/张和义等编著.—北京：金盾出版社，2004.3
ISBN 978-7-5082-2906-5

Ⅰ.无… Ⅱ.张… Ⅲ.黄瓜-蔬菜园艺 Ⅳ.S642.2

中国版本图书馆 CIP 数据核字(2004)第 009469 号

金盾出版社出版、总发行
北京太平路5号(地铁万寿路站往南)
邮政编码：100036 电话：68214039 83219215
传真：68276683 网址：www.jdcbs.cn
彩色印刷：北京 2207 工厂
黑白印刷：北京金盾印刷厂
装订：永胜装订厂
各地新华书店经销
开本：787×1092 1/32 印张：4.375 彩页：4 字数：94 千字
2009 年 2 月第 1 版第 4 次印刷
印数：31001—41000 册 定价：7.50 元
(凡购买金盾出版社的图书，如有缺页、
倒页、脱页者，本社发行部负责调换)

夏青 4 号

寒 香

南海风

1

欧美亚101

欧宝

塔桑

女神

2

拉迪特

弗吉尼亚

蜜　燕

3

翡翠

节成太郎

常丰清秀

龙绿之春

4

目　　录

一、概述 ……………………………………………（ 1 ）

二、植物学特征 ……………………………………（ 2 ）

　(一)根 ……………………………………………（ 2 ）

　(二)茎与叶 ………………………………………（ 3 ）

　(三)花和果实 ……………………………………（ 3 ）

三、类型和品种简介 ………………………………（ 4 ）

　(一)类型 …………………………………………（ 4 ）

　(二)无刺黄瓜的品种简介 ………………………（ 5 ）

　　1. 小脆宝 ………………………………………（ 5 ）

　　2. 锦绿 …………………………………………（ 5 ）

　　3. 梦幻巴黎 ……………………………………（ 6 ）

　　4. 碧多斯 ………………………………………（ 6 ）

　　5. 金佰利 ………………………………………（ 6 ）

　　6. 萨瑞格(HA-454) ……………………………（ 6 ）

　　7. 戴多星 ………………………………………（ 6 ）

　　8. 翠绿一号 ……………………………………（ 7 ）

　　9. 小黄瓜-MK171 ………………………………（ 7 ）

　　10. 微型 ………………………………………（ 7 ）

　　11. 欧宝 ………………………………………（ 7 ）

　　12. 京乐五号 …………………………………（ 8 ）

　　13. 清味白刺 …………………………………（ 8 ）

　　14. 超市靓丽 …………………………………（ 8 ）

15. 超市早脆 ……………………………………… (8)

16. 瑞光一号 ……………………………………… (9)

17. 湘优五号 ……………………………………… (9)

18. 翠秀 …………………………………………… (9)

19. 女神 …………………………………………… (9)

20. 香美 …………………………………………… (9)

21. 皮克灵 ………………………………………… (10)

22. 翡翠光皮黄瓜 ………………………………… (10)

23. 京研迷你 1 号黄瓜 …………………………… (10)

24. 京研迷你 2 号黄瓜 …………………………… (10)

25. 京研迷你 3 号黄瓜 …………………………… (10)

26. 中农 15 号 …………………………………… (11)

27. 中农 19 号 …………………………………… (11)

28. 萃斯系列 ……………………………………… (12)

29. 2013 …………………………………………… (12)

30. 南杂 2 号黄瓜 ………………………………… (13)

31. 南杂 5 号黄瓜 ………………………………… (13)

32. 龙绿之春黄瓜 ………………………………… (13)

33. 常丰清秀黄瓜 ………………………………… (13)

34. 翠玉迷你 ……………………………………… (13)

35. 闵 C-09 ……………………………………… (14)

36. 翠绿 …………………………………………… (14)

37. 乳黄瓜线杂 1 号 ……………………………… (14)

38. 津优 6 号 …………………………………… (15)

39. 津美 1 号 …………………………………… (15)

40. 朝阳 3 号 …………………………………… (16)

41. 北京农乐 1 号 ………………………………… (16)

　　42. 蜜燕 ……………………………………（16）

　　43. 凤燕 ……………………………………（17）

四、生长发育过程 ……………………………………（17）

　（一）发芽期 …………………………………（17）

　（二）幼苗期 …………………………………（18）

　（三）甩条发棵期 ……………………………（19）

　（四）结果期 …………………………………（19）

五、对环境条件的要求 ………………………………（21）

　（一）温度 ……………………………………（21）

　（二）水分 ……………………………………（24）

　（三）光照 ……………………………………（26）

　（四）土壤 ……………………………………（27）

　（五）气体条件 ………………………………（28）

六、育苗与嫁接 ………………………………………（30）

　（一）壮苗的培育 ……………………………（30）

　　1. 壮苗标准 …………………………………（30）

　　2. 播前准备 …………………………………（30）

　　3. 砧木的选择 ………………………………（33）

　　4. 播种及幼苗培育 …………………………（37）

　（二）嫁接的场所和用具 ……………………（40）

　　1. 嫁接的场所 ………………………………（40）

　　2. 嫁接的用具 ………………………………（40）

　（三）嫁接成活的原理 ………………………（41）

　（四）嫁接的方法 ……………………………（42）

　　1. 靠接 ………………………………………（42）

　　2. 顶插接 ……………………………………（43）

　　3. 去根嫁接扦插 ……………………………（45）

4. 水平插接 ·················· (46)

(五)嫁接苗的管理 ··············· (46)

  1. 随接随栽植 ··············· (46)

  2. 温度 ·················· (47)

  3. 湿度 ·················· (47)

  4. 光照 ·················· (47)

  5. 摘除砧木侧芽 ············· (48)

  6. 通风和追肥 ··············· (48)

  7. 断根 ·················· (48)

  8. 撤夹 ·················· (49)

(六)嫁接苗的定植 ·············· (49)

七、栽培技术 ·················· (49)

(一)日光温室的栽培 ············· (49)

  1. 对温室的基本要求 ··········· (49)

  2. 栽培季节安排 ············· (51)

  3. 越冬茬黄瓜栽培 ············ (52)

  4. 秋冬茬黄瓜栽培 ············ (67)

  5. 冬春茬黄瓜栽培 ············ (71)

(二)越夏栽培 ················· (75)

(三)早春大、中棚栽培 ············ (76)

  1. 大、中棚的主要结构 ·········· (76)

  2. 大棚栽培技术 ············· (77)

  3. 中棚栽培技术 ············· (79)

(四)春季塑料小拱棚及地膜栽培 ········ (79)

  1. 塑料小拱棚栽培 ············ (79)

  2. 地膜覆盖栽培 ············· (80)

(五)春季露地栽培 ·············· (87)

1. 品种选择 ………………………………… (87)

2. 适期早播，培育壮苗 ………………… (87)

3. 整地做畦 ………………………………… (90)

4. 定植 ……………………………………… (90)

5. 中耕、除草、搭架、绑蔓 ……………… (91)

6. 灌水 ……………………………………… (92)

7. 追肥 ……………………………………… (93)

8. 采收 ……………………………………… (94)

(六)越夏遮阳网覆盖栽培 ………………… (94)

1. 遮阳网覆盖技术的特点 ……………… (95)

2. 遮阳网覆盖栽培的方式 ……………… (96)

3. 遮阳网覆盖栽培技术 ………………… (97)

(七)秋季及秋延后栽培 …………………… (99)

1. 选用耐热、抗病品种 ………………… (99)

2. 适期播种 ………………………………… (99)

3. 整地，定植 ……………………………… (100)

4. 搭架、绑蔓和追肥 ……………………… (100)

5. 早覆盖防寒 ……………………………… (100)

八、病虫害防治 ……………………………… (102)

(一)病害防治 ……………………………… (102)

1. 霜霉病 …………………………………… (103)

2. 细菌性角斑病 ………………………… (108)

3. 白粉病 …………………………………… (110)

4. 缘枯病 …………………………………… (112)

5. 细菌性叶枯病 ………………………… (112)

6. 灰霉病 …………………………………… (113)

7. 菌核病 …………………………………… (114)

8. 炭疽病 …………………………………… (116)

9. 枯萎病 …………………………………… (117)

10. 疫病 ……………………………………… (119)

11. 黑星病 …………………………………… (121)

(二)虫害防治………………………………… (122)

1. 螨 ………………………………………… (122)

2. 地蛆 ……………………………………… (123)

3. 瓜实蝇 …………………………………… (124)

4. 黄瓜根结线虫 …………………………… (126)

一、概　　述

黄瓜别名王瓜、胡瓜，属葫芦科、甜瓜属1年生攀缘草本植物，原产于印度及缅甸热带地区。我国黄瓜是公元前138～126年汉武帝时张骞出使西域带回；部分品种是从东南亚传入华南的，故名胡瓜。《杜宝拾遗录》云，隋大业四年，因避炀帝讳，改名黄瓜；陈藏器谓，北方人避石勒讳，乃曰黄瓜。说法虽异，而后人则沿称之。有人称王瓜，乃黄之讹也。

无刺黄瓜又叫无毛黄瓜、微型黄瓜，原是国外的黄瓜品种。近年来天津市农业科学院黄瓜研究所研制出具有独立知识产权的无毛黄瓜，将为其大面积种植开辟广阔前景。

黄瓜对环境条件的适应性较强，容易栽培，除春、秋两季露地大量生产外，更是冬季保护地栽培最多的一种蔬菜。黄瓜产量高，生食、熟食、加工均可，且营养丰富。每百克鲜果含水分97%，糖类1.6～2.4克，蛋白质0.4～0.8克，钙10～19毫克，磷16～58毫克，铁0.2～0.3毫克，抗坏血酸4～16毫克。常吃有助减肥，保持体形完美。黄瓜含有纤维素，有加速体内腐败物排出，降低胆固醇的作用。另外，尚有清热解毒、利水、解烦渴的作用。老黄瓜水煎服，可治四肢浮肿和黄疸；老黄瓜去皮及籽，入瓶中化水后外搽，能治烫伤；黄瓜霜吹送喉部，主治喉肿、扁桃体炎。黄瓜中之苦味系葫芦素之故，这种葫芦素C尚具抗肿瘤的作用。近代临床实践证明，黄瓜藤有良好的降压和降低胆固醇的作用。

黄瓜是全球性的大众化的重要蔬菜，其栽培面积仅次于番茄、甘蓝和洋葱，名列第四。其中亚洲的栽培面积最大，约占世界黄瓜栽培总面积的 50％，其次是欧洲及北美洲、中美洲。我国栽培黄瓜约 24.1 万公顷，占世界栽培面积的 28％，居各国之首。

黄瓜喜湿，耐弱光，特别适宜保护地栽培。20 世纪 80 年代以来，随着我国国民经济的持续快速发展，人民生活水平大幅度提高，农村经济结构和种植结构得到进一步调整，促进了蔬菜产业的迅猛发展。1997 年全国蔬菜播种总面积达到 1 126.7 万公顷，比 1980 年增加了 2.56 倍。全国蔬菜园艺设施栽培面积 1981～1982 年度只有 0.72 万公顷，1996～1997 年度达到 84 万公顷，15 年增长 115.7 倍，使园艺设施面积占到全国蔬菜播种总面积的 7.5％。

黄瓜是大棚日光温室中栽培量最大的蔬菜品种，栽培面积约占日光温室总面积的 70％～90％。其中深冬黄瓜从翌年 1 月份开始大量上市，一直可供应到 5～6 月份，对调节冬春淡季蔬菜花色品种，特别是对春节市场供应有极重要的作用。现在黄瓜除保护地栽培外，夏、秋露地栽培也很普遍。

二、植物学特征

（一）根

黄瓜属葫芦科一年生草本植物。根生长快，播后 6 周主根入土深约 1 米，主要根群分布在 7～30 厘米的耕层内，吸收肥水的范围小，不耐旱。根系纤细，极易木栓化，再生力差，移植时要多带土，以保护根系。黄瓜能从胚轴和茎基部产生不定根，容易扦插育苗。

黄瓜根的呼吸能力强,表层土壤空气含量多,有利于根系生长。黄瓜根系生长的适宜温度是 18℃～23℃,定植宜浅。适应的土壤为中性偏酸,在 pH 值 6～6.8 的土壤中生育良好,不耐盐碱。生长结果期内,60%以上的养分被采收的果实带走,要多施肥,但因根浅,不耐肥,施肥宜轻,以免发生肥害。

(二)茎与叶

茎蔓性,短的 0.6～1 米,长的达 3 米以上,断面具 4～5 棱,表皮有刺毛,双韧维管束 6～8 条,厚角组织及木质部不发达。茎上有卷须,由叶或侧枝处生成,当其触及支柱等物时,由于刺激使另一侧的细胞伸长,而发生缠绕。

叶为单叶,互生,掌状五角形,薄而大,蒸腾能力强,耗水量大。叶形随叶位上升而增大,10～30 叶为主要功能叶。幼叶展开 10～15 天叶面积达最大值,光合效能强;30～45 天后同化量迅速减少。叶缘有水孔,吐水明显。吐水和叶面结露为病菌孢子萌发创造了条件。叶腋间着生侧枝、卷须和花器官。卷须是茎的变态,是攀缘附着物。

(三)花和果实

花从叶腋生出,1 个叶腋中的花数 1 朵或多朵,多呈单性。萼片筒状、分裂,密生白色或黑色茸毛。花冠黄色,开放后呈钟状,分裂,裂片圆形。雄花多群生于叶腋,雌花也有群生的,但多数为单生。雌花的花柱短,柱头 3～5 裂。子房长,内有多数胚珠。虫媒、异花授粉,单性结实力强。在温室栽培时,因传粉昆虫少,以选用单性结实力强的品种为宜。但单性结实的果实,因无种子,故常呈畸形。浆果,卵形至圆筒形,长短变异很大,一般长 25～50 厘米,长的可达 1 米。幼果白绿色至浓绿色,具蜡质。果实表面有瘤,其上着生刺毛,刺有黑白之分。刺的大小和密度因品种而异。果实经 30~40 天成熟后变成黄白色至灰白色,常具网纹。每个果实有种子 100~400 粒。种子呈扁而平的倒卵圆形,千粒重 23~42 克,发芽力 4~5 年。发芽时子叶顺其长轴方向展开,所以,条播时最好将种子与行向垂直放置。

三、类型和品种简介

(一)类 型

黄瓜古代由印度分两路传入我国,一路是由缅甸和印中边界传入华南,并在华南被驯化,形成华南系统的黄瓜。华南系统黄瓜蔓粗叶较大,根群强,果实短粗、皮厚、光滑,无刺或少刺,耐热性较强,较耐弱光,分布于我国长江以南,如早熟品种早青 1 号和晚熟品种早青 2 号。另一路是汉武帝时张骞由新疆将黄瓜种子带到北方,并经多年驯化,形成华北系统的黄瓜。华北系统的黄瓜特点是:节间和叶柄较长,根群细长,再生能力较弱,果实长大、皮薄、有棱刺,较早熟,耐低温。主要分布在黄河流域和北方各地,代表品种如长春密刺,津春 2 号,津杂 1 号、2 号,农城 3 号,西农 58 号,津研 7 号。此外,欧洲系统的黄瓜近代也传入我国,目前在新疆、内蒙古和黑龙江一带栽培不少。

欧洲系统的黄瓜,一般较小,无刺或少刺,较耐贮藏,货架期长,一般称无毛黄瓜或微型黄瓜。

（二）无刺黄瓜的品种简介

1. 小脆宝

日本产。黄瓜分枝能力极强，节节长瓜，节节长侧蔓，主侧蔓都能结瓜，80％～90％的瓜都在侧蔓生长。第一雌花着生在第四叶节，瓜条直立棒状，色泽深绿，生长前期瓜表面光滑，生长后期，肥水管理跟不上时瓜条会弯曲变形，且瓜表面有少许刺瘤突起。

甜脆、爽口、无涩味，且含硒、钙比普通黄瓜高，以鲜食为主，也可做酱瓜加工原料，且有养颜保健功能。生产上以采小瓜为主。小瓜长 14～22 厘米时，单瓜重 100～150 克，高产田每 667 平方米产量达 7～10 吨。

2. 锦　绿

上海市浦东锦园园艺场选育的北欧型温室黄瓜品种。全雌性型，每一节均着生雌花，多为单生，少数多生雌花，单株连续结果，吊式栽培茎可长达 8 米。瓜短棍状，成熟瓜长 18 厘米左右，粗 4 厘米，皮绿色，网纹状棱较浅细，果表有光泽。植株长势强，较耐高温和低温。条件适宜时，可全年播种。该品种对白粉病、霜霉病抗性较强。在法国双层充气塑料温室中栽培，4～9 月初多次播种，从播种到第一次采收需 35～40 天。1～2 月初春播种，受低温影响，熟性推迟，需 65～70 天。春、夏季平均 667 平方米产 4 000～5 000 千克，9 月初播种，产 3 000 千克左右。

3. 梦幻巴黎

植株长势强,主侧蔓结瓜为主,瓜条深绿,无瘤无刺,刺白色,稀少。瓜条长 30~35 厘米,重 200~240 克,食用率高,口感甜脆。耐热、耐寒能力强,高抗霜霉病。适宜南北方种植,每 667 平方米一般产 8 000~10 000 千克。

4. 碧多斯

高档水果型黄瓜,极早熟雌性系品种。瓜条棒状,表面光泽,靓绿色,瓜长 18 厘米左右,重 100~120 克,口感甜脆。耐弱光,高抗霜霉病,较抗枯萎病,丰产。

5. 金佰利

雌性系,春棚和秋延后保护地专用品种。瓜长棒形,果色嫩绿偏白,果肉嫩绿色,长 20~25 厘米,重 150 克。耐低温能力强,结果期长,高抗霜霉病,中抗枯萎病,每 667 平方米产 8 000~10 000 千克。

6. 萨瑞格(HA-454)

以色列产。适宜春、夏季及早秋种植,抗白粉病。植株生长中等,易于采收和修剪。早熟,高产,采收集中。果实表面轻度波纹,暗绿色,中等坚实。果长约 15 厘米,圆柱形,轻微颈内缩,整齐。

7. 戴多星

荷兰产。适宜夏、秋季和早春在露地、大棚和温室种植。生长期长,开展度大。果实墨绿色,有棱,长 16~18 厘米,果实味好,抗黄瓜花叶病毒病和白粉病。

8. 翠绿一号

荷兰型光皮黄瓜,强雌性系杂种一代。植株长势强,较抗白粉病,主蔓结瓜,结瓜率高,适宜春秋季大棚栽培。瓜长18～20厘米,重150～200克,棒状。果皮表面稍带棱且无刺,瓜色浅绿,果肉厚,口味清香脆嫩。大棚种植每667平方米产4 000～5 000千克,温室吊绳栽培可达5 000～8 000千克。

9. 小黄瓜-MK171

荷兰产。节间长10.3厘米,叶片最大横径24.1厘米,单瓜重56.4克,瓜长13～14厘米,横径2.23厘米,刺毛极少,外皮浅绿色,口感脆嫩,一节一瓜。每667平方米平均产8 034千克,抗寒性好,尤其在连阴天,湿度大温度低时,优势明显,适合长季栽培。

10. 微　型

荷兰产,又称荷兰乳瓜、水果黄瓜。瓜条顺直,色淡绿,果实肉厚脆嫩,口感微甜,无苦涩味,菜、果兼用。生长旺盛,结瓜多,产量高,每667平方米春茬产5 000～6 000千克,成熟一致,货架寿命长,抗病性强。

11. 欧　宝

欧洲型纯雌性系无刺品种。植株健壮,生长势稳健,主蔓结瓜为主,每节均可坐瓜。果实绿色,圆柱形,表面光滑无刺瘤。瓜长12～16厘米,直径4.5厘米,口感极好。耐低温和弱光能力强,耐白粉病,高产,早熟,适应性强,适宜秋季,越冬及早春保护地种植。

12. 京乐五号

北京农乐蔬菜研究中心育成。植株长势强,叶片较大,全雌性,以主蔓结瓜为主,节节有瓜,一节多瓜。果实表面光滑、带棱、翠绿、有光泽,商品瓜长 16 厘米左右,横径 2.5～3 厘米,心腔直径不足 1 厘米,单瓜重 80～100 克,质脆嫩、清香、微甜,品质上乘,适宜鲜食。较早熟,耐低温、弱光能力强,较耐霜霉病、白粉病和枯萎病,抗细菌性角斑病与黑星病等。单株产量 3～5 千克,每 667 平方米产 10 000～15 000 千克。秋冬茬一般在 8 月播种,9 月定植,10 月份开始采收,采收期延至翌年 1 月中旬。

13. 清味白刺

汉城培育的夏季耐高温品种。生长势及侧枝性强,抗病。雌花节率高,即使 5～6 月份播种,也可达 45%。瓜呈浓绿色,有光泽,长 22～27 厘米,刺白色较少,宜夏季栽培。

14. 超市靓丽

早熟、全雌株系,主蔓第三、第四节起连续出现雌花,节节有瓜。瓜长 18～20 厘米,横径 2.5～2.8 厘米,单瓜重 80～100 克。脆嫩清香,腔小肉厚,品质佳,外皮翠绿,光亮,刺少,瓜面光滑。每 667 平方米产 5 000 千克左右,适宜日光温室及早春塑料大棚栽培。

15. 超市早脆

早熟,全雌株系。主蔓第三、第四节起连续出现雌花,节节有瓜,主蔓结瓜。茎粗,生长势强,连续坐瓜力强。瓜长15~18厘米,横径3~3.2厘米,单瓜重80~100克。品质脆嫩,腔小肉厚,黄瓜清香味浓,瓜条直顺,白刺少,外皮浓绿,瓜面光滑。每667平方米产5 000千克左右。适宜日光温室及早春塑料大棚栽培。

16. 瑞光一号

少刺型黄瓜,易清洗,品质好,产量高。雌花节率高,适宜春温室、秋冬温室及春大棚种植。

17. 湘优五号

早熟,丰产,耐弱光,保护地专用。瓜圆柱形,深绿色,无刺,光滑,口感佳,超市最流行,为迷你型高档黄瓜。

18. 翠　秀

荷兰进口水果型黄瓜。全雌性,连续坐瓜性强,采收期长,品质佳,商品性好,瓜长13~15厘米。

19. 女　神

日本产少刺黄瓜,商品性极好。该品种长势强健,侧枝发生旺盛,适合干燥、低温管理,在冬季各种条件下长期栽培,不易老化。8℃~9℃的夜温管理,低温弱光条件下有良好的表现。果长21厘米,果重100克。

20. 香　美

抗霜霉病及白粉病。果色浓绿,果长20~21厘米。果面光滑少刺,畸形果极少,优质品率高,栽培容易。侧枝发生多,着果容易,适合春季露地栽培。

21. 皮 克 灵

此品种是优秀的全雌株杂种一代。长势旺盛,瓜形全部为棒状,果实为深绿色,长度与直径之比为3∶1。早熟、高产,瓜形大小整齐一致。品质好,耐热及耐潮湿,是最理想的品种。

22. 翡翠光皮黄瓜

豫艺水果型小黄瓜,瓜条短棒型,光滑无刺,腔小,把短,商品性好。清甜可口,带有清香味,品质佳,产量特高,适宜秋棚及早春栽培。

23. 京研迷你1号黄瓜

保护地专用品种,适宜越冬温室及春大棚种植。植株全雌,节节有瓜,瓜长10厘米、无刺光滑、味甜。生长势强,耐霜霉病、白粉病和枯萎病。

24. 京研迷你2号黄瓜

保护地专用品种,适宜越冬温室及春大棚种植。植株全雌,节节有瓜,一节多瓜。瓜长12厘米,无刺光滑,味甜。生长势强,耐霜霉病、白粉病和枯萎病。

25. 京研迷你3号黄瓜

适宜春温室及春大棚种植。节节有瓜,瓜长13~14厘米,味清香,口感好。

26. 中农 15 号

中国农业科学院蔬菜花卉研究所育成的一代杂种。早熟，少刺型。长势强，主蔓结瓜为主，第一雌花始于主蔓第三、第四节，瓜码密，20 节内雌花数一般在 60% 以上。瓜色深绿一致，有光泽，无花纹，瓜把短，刺瘤稀，白刺。瓜长 20 厘米左右，单瓜重约 100 克。质地脆嫩，味甜，丰产，日光温室越冬茬 667 平方米产 10 000 千克以上。抗枯萎病、霜霉病、黑星病和白粉病，具较强的耐低温弱光能力。华北春茬日光温室 1 月中旬育苗，2 月中旬定植，3 月中旬始收。春棚 2 月中下旬育苗，3 月中下旬定植，4 月中下旬始收。施足底肥，勤浇水、追肥，定期防治病虫害，商品瓜及时采收。适宜越冬日光温室及春秋保护地栽培。

27. 中农 19 号

中国农业科学院蔬菜花卉研究所育成的黄瓜一代杂种。生长势和分枝性强，顶端优势突出，节间短粗。第一雌花始于主蔓第一、第二节，其后节节为雌花，连续坐果能力强。瓜短筒形，瓜色亮绿一致，无花纹，果面光滑，易清洗。瓜长 15 厘米左右，单瓜重约 100 克，口感脆甜，不含苦味素，富含维生素和无机盐，适宜做水果黄瓜。丰产，越冬日光温室 667 平方米产 10 000 千克以上。抗枯萎病、黑星病、霜霉病和白粉病，具很强的耐低温弱光能力。华北地区春茬日光温室 1 月中旬育苗，2 月中旬定植，3 月中旬始收。春棚 2 月中下旬育苗，3 月中下旬定植，4 月中下旬始收。越冬茬 9～10 月份播种育苗，用南瓜嫁接，每 667 平方米栽 2 000～3 000 株，施足基肥，勤浇水追肥，摘除全部侧枝，商品瓜及时采收。该品种，不宜喷乙烯利与增瓜灵等激素,适宜越冬日光温室及春秋保护地栽培。

28. 莘斯系列

辽宁省葫芦岛市绿隆种苗公司育成的无刺黄瓜。雌性系,生长势中等或较强,抗病性强,耐低温弱光,果面光滑无刺,某些品种有微棱,品味好,商品率高,货架期长,适于保护地生产。

29. 2013

青岛市农业科学研究所蔬菜研究中心,利用引进的以色列材料育成的优质、高产华南型黄瓜一代杂种。植株长势旺,分枝多,侧枝结瓜为主。瓜短圆筒形,长 14～16 厘米,横径 3.1～3.3 厘米,瓜把长约 2.2 厘米,小于瓜长的 1/8。果形指数 5.3,肉厚占横径的比例超过 60%,单瓜重 110 克左右。瓜皮浅绿色,瓜条顺直,整齐度好,表面光滑无棱沟,刺瘤褐色,小且稀少。外观小巧秀美,口感脆甜清香,可做水果食用。第一雌花节位,春棚栽培为第三节,秋棚栽培为 5.5 节。20 节内雌花节率在 70% 以上。春棚栽培从播种到采收需 65 天,全生育期 140 天;秋延迟栽培从播种到采收 40 天,全生育期 105 天。春棚栽培,早期产量比新泰密刺、青研黄瓜一号、鲁黄瓜十号分别增产 434.2%、156.3% 和 150.1%;总产量比青研黄瓜一号增产 54.2%,差异显著,与新泰密刺差异不显著,比鲁黄瓜十号产量低 14.1%,差异不显著。秋延迟栽培总产量 2 367.5 千克,比秋棚一号、津研四号分别增产 32.6%、12.5%,且与秋棚一号差异显著。田间表现抗枯萎病(春、秋棚栽培病株率都为零),抗白粉病和细菌性角斑病。

30. 南杂 2 号黄瓜

上海南九工贸有限公司蔬菜种子经营部经销。为南华系列春性杂交一代种,耐低温阴雨,早熟,抗病,生长势强。瓜色深亮绿,刺瘤黑色,稀少,瓜长 26 厘米,单瓜重 250 克左右。每 667 平方米产 6 000 千克以上。上海地区 1～3 月份播种。肉厚,味甜脆嫩。

31. 南杂 5 号黄瓜

上海南九工贸有限公司蔬菜种子经营部经销。为南华系列春性杂种一代,耐低温、阴雨,极早熟,耐病,雌花多,节位低,节间短,瓜色亮绿,刺瘤黑色,稀少。瓜长 25 厘米左右,重 200 克,每 667 平方米产 4 000 千克。上海地区 1～2 月份播种,也可做老黄瓜栽培。

32. 龙绿之春黄瓜

上海常丰种苗有限公司生产。属华南型,特早熟,超低温,雌性强,坐果节位低。无瓜把,瓜皮深绿色,光泽好。刺少,黑刺,心室小,肉厚、嫩脆,抗病强,早春、晚秋两季均可栽培。

33. 常丰清秀黄瓜

上海常丰种苗有限公司生产。清凉夏季型。瓜皮深绿,有光泽,皮薄刺少,白刺。瓜长 25 厘米左右,重 200 克,四季均可栽培。耐高温,每 667 平方米产 5 000 千克,抗病性强。

34. 翠玉迷你

国内最新育成。白绿色光滑无刺,商品瓜长 12 厘米,口感极佳,单性结实力强,适合春、秋保护地种植。

35. 闽 C-09

上海市金山区朱泾镇永丰农场从上海闽华实业公司引进的以色列黄瓜杂交一代种。水果型黄瓜,植株生长健壮,生长势强,为孤雌生殖型,坐瓜率高,主蔓结瓜为主,侧蔓结瓜为辅。瓜果短粗,长 12～16 厘米,重 150～200 克,瓜皮深绿色,有光泽,无瘤刺,果实基本无籽。肉质深厚,质地脆,口味清新,品质优,商品性好。抗霜霉病、白粉病,耐热性强,无限生长型,可周年生产。结瓜部位低,在第二、第三片真叶时开始结瓜,以后每个节位都能结瓜。

36. 翠　绿

青岛市农业科学研究所选育的杂种一代。植株长势强,叶色绿,以主蔓结瓜为主,主侧蔓同时结瓜。秋播至采收需 40 天,全生育期 105 天左右;春播至采收 65 天,全生育期 140 天。瓜圆筒形,皮绿色,瓜条顺直,瓜表面光滑无棱沟,刺瘤褐色,小且稀少。瓜长约 20 厘米,横径约 3 厘米,3 心室。平均单瓜重 150 克,瓜把长 2～6 厘米,小于瓜长的 1/7,肉厚占横径的 60% 左右,鲜瓜维生素 C 含量 138.1 毫克/千克,口感好。抗细菌性角斑病、霜霉病和枯萎病。秋季每 667 平方米产 1 758 千克,春季产 3 750 千克。

37. 乳黄瓜线杂 1 号

江苏农业科学院园艺系育成的一代杂种。植株长势中等,主蔓结瓜,第一雌花着生在第二、第三节,雌花单生,少数双生,无雄花,能单性结实。一般开花后 6～7 天即可采收乳瓜。

乳瓜瓜形细长,粗细均匀,长 11.5～13 厘米,横径 1～3 厘米,色翠绿,无棱,质脆嫩,具线瓜的特点。单株产乳瓜 1.85 千克,每株可收瓜 33 条左右。为加工腌制品种,大瓜长 20～30 厘米,横径 4～5 厘米,肉厚,可生食,适宜露地栽培。扬州地区,2 月下旬至 3 月上旬育苗,4 月上旬定植,6 月上旬收乳瓜。行距 73～80 厘米,株距 24 厘米。也可于 3 月中下旬播种,4 月下旬定植。

38. 津优 6 号

天津科润黄瓜研究所育成。少刺型黄瓜新品种,瓜长 25 厘米左右,抗病、早熟、雌花节率高,产量高。瓜条顺直,口感好,商品性好,适宜包装运输,对温度逆境耐性强,抗病性强,适宜春秋露地及春秋大棚栽培。华北地区春秋大棚栽培,2 月中下旬温室育苗,3 月底定植。露地栽培,3 月下旬阳畦育苗,4 月底 5 月初定植。秋季露地栽培,7 月中旬露地直播;秋季大棚栽培,8 月中旬育苗或直播。部分沿海地区,可进行越夏栽培,在麦收后 6 月上旬直播,或 5 月中下旬育苗,6 月中旬定植,苗期不可过分蹲苗。抗病力强,病害以防为主。保证肥水供应,一次肥水不可过多,按少量多次原则进行浇水施肥。

39. 津美 1 号

天津科润黄瓜研究所生产的外向型黄瓜,集国内外黄瓜优良性状于一体的新类型黄瓜。瓜条深绿色,刺极少,皮色亮绿。瓜把极短,成瓜性好,生长速度快,品质佳。农药残留量低于刺瘤黄瓜。适宜春大棚栽培,苗龄 35 天,3 叶 1 心时定植,每 667 平方米保苗 3 000～3 500 株。苗期注意低温锻炼,防止徒长,以利于花芽分化。

40. 朝阳 3 号

辽宁省朝阳市蔬菜研究所选育。早中熟,少刺型杂种一代。植株生长势强,第一雌花始于主蔓 3～5 节,以主蔓结瓜为主,侧蔓也可结瓜。瓜筒形,瓜把短,瓜条顺直,瓜色深绿一致,有光泽,无花纹,无瘤,小白刺且少,瓜长 25～27 厘米。瓜码密,雌花节率 80％,坐瓜能力强,能同时坐瓜 4～5 条。对枯萎病、白粉病与霜霉病抗性强,每 667 平方米产 7 000 千克以上。口感风味好,商品性好,果实货架期长,适合包装运输出口。

41. 北京农乐 1 号

北京农乐 1 号迷你黄瓜,外形短小,颜色深绿,果面长满刺瘤。瓜长 10～13 厘米,直径 3 厘米左右,生食脆甜,味道浓。栽培上最大特点为生长势旺,成熟早,分枝能力强,一节多瓜。较耐霜霉病、白粉病和枯萎病,适合春秋保护地及露地栽培,要求肥水条件中等以上,如管理得当可每天连续采收直至拉秧。

42. 蜜 燕

农友种苗(中国)公司生产。生长势较弱,但主蔓和侧蔓均显著雌花,且容易结果,无蜜蜂授粉也可结果。因此,结果特早,适收期为花谢后 7～10 天。果长 13 厘米,果重约 140 克。果实端直,丰满,果面光滑,有光泽,并有稀疏的细小白刺,果皮及果肉均细嫩甜脆,口感好。

43. 凤 燕

农友种苗(中国)公司生产。本品种茎蔓粗壮,生长势强,分枝多,抗多种病毒病,雌雄花同株异花,因此,需要蜜蜂或人工授粉,促进结果。果实端正直美,果色淡绿,有果粉及细小白刺,适收期为花谢后 5～7 天,果长 18～20 厘米,果重 80～100 克。

四、生长发育过程

黄瓜从种子萌动到生长结束,一般需 90～130 天,长的可达 300 天。根据植株的形态特征及生理变化,可分为 4 个时期。

(一)发芽期

从干燥种子吸水开始,到两片子叶出土,第一片真叶出现为发芽期。干燥种子接触水分后开始膨胀,约 2 小时吸水量相当于干种子重量的 20%。然后,继续缓慢吸水,20 小时后胚根露出,32 小时后,胚根长 10 毫米左右,吸水量相当于干种子重的 174%。气温 30℃,地温 25℃～26℃时,经 72 小时,芽苗可达歪脖状态,弯曲的胚轴中央部分呈"U"字形露出地面;96 小时子叶出土,呈"V"字形展开,胚轴长度超过 3 厘米;经 120 小时,子叶长度超过 2 厘米,呈水平展开,主根伸长到 6～7 厘米,侧根长出,向自养阶段过渡,完成发芽的全过程。

发芽期内,幼苗苗端已进行叶片的分化。幼苗出土时,苗端已分化出 4 片叶原基。

在正常温度下,干种子开始吸水后经 4～5 天可出土。若温度低,则出土慢,地温低于 10℃时,可能烂种。所以,发芽出土期需给较高的温度、湿度、薄覆疏松土壤,使之迅速出土、展叶;出苗后加强光照,使子叶充分肥大,同时更需及时分苗,防止徒长。

(二)幼 苗 期

从破心即第一片真叶展开起,到 4 片真叶展开,达团棵时止,为幼苗期,计 18～20 天。

黄瓜出苗后,子叶叶绿素形成前,幼苗靠子叶中贮存的养分生长。叶绿素形成后,开始制造养分,进行叶片分化,产生真叶。第二片真叶形成前,子叶起很大作用。至第二片真叶时,第十一节的叶原基及其腋生侧芽同时分化出突起。团棵期叶原基已分化到 21～23 节,第四片叶腋已出现卷须。卷须的发生比雌花早,而且比雌花大 4～5 倍,与雌花争夺养分,所以,及时摘除,对果实有很大促进作用。

黄瓜在幼苗期,已分化出 50%～60% 的叶片,花芽已分化了 35%～40%。幼苗期生长量虽小,但却奠定了一生中大部分器官分化和生长的基础。幼苗生长的好坏,对黄瓜以后的生长十分重要。幼苗期既有根、茎、叶的分化和生长,也有花和果实器官的分化和发育。但其生长中心,即营养物质和水分输送的中心部位是茎、叶,其次是根。

黄瓜幼苗期地上部分生长慢,节间短,茎直立,而地下部分生长快。当水分多、温度高时易使地上部徒长,节间伸长,叶薄、色淡。本期营养生长与生殖生长同时并进,管理上应本着"促"、"控"结合的原则进行,以扩大叶面积,促进花芽分化,加速根系的发育,保证地上部稳长,养成脚矮、茎粗、节短、叶厚、色浓绿的壮苗,为抽蔓、开花和结果打好基础。

(三)甩条发棵期

又叫抽蔓期,从 4～5 片真叶定植后开始,到第一个果实——根瓜坐住,即由黄绿色变成深绿色,瓜把呈黑色,进入旺盛生长期为止。多数黄瓜品种,从第四节起出现卷须,节间开始加长,蔓的延长生长明显加快。有的品种发生侧枝,雄花、雌花先后出现,陆续开放。此期 15～20 天,到该期结束时,一般株高约 1.2 米,真叶展开 7～8 片,茎尖分化到 26～28 节。雌性系品种的雌花原基已分化到 20 个左右,一般品种达 6～8 个,茎端第十二至第十三片叶,半张开而包住龙头。

甩条期是植株从茎叶生长为主转向果实生长为主的过渡期。这时,既要加强茎叶和根系的生长,扩大同化器官和吸收器官的生长,又要促进瓜纽细胞的分裂和膨大,使在结果前初步建立起一个相当强大的营养器官,特别是发达的根系。因为黄瓜上架后土壤中耕困难,不便于进行促根处理;同时,植株转入果实生长期后,分配给根系的有机营养就更加减少了。

甩条发棵期管理的最终要求是:茎粗壮,棱角清晰,刚毛发达,输导能力强。保护地内子叶完好无损,叶片厚,色深。茸毛生出,刚硬,具闪光。顶部叶与龙头叶比例合适,为 3～4:1。子房长大,花瓣色深而大,果瘤饱满,刺长具光泽而略稀,能安全坐果。

(四)结 果 期

从根瓜坐住后到采收完毕。黄瓜进入结果期后,叶的生长很快,大约 1.5 天可长出 1 片叶。瓜条的生长按指数曲线进行,前期较慢,后期较快。最大日生长量,瓜长达 4～5 厘米,瓜粗0.4～0.5厘米。其增大的快慢与品种特性及环境条件有密切关系。同一株黄瓜,根瓜生长慢,腰瓜生长快,顶瓜、回头瓜生长速度中等。开花后一般需10～15天可达商品成熟,到果实生理成熟(即种子成熟)约需40天。结瓜期的长短,与品种、环境条件及栽培技术等有关,从30天到250天不等。一般分枝性强的晚熟品种寿命较长,分枝性弱的早熟品种寿命较短。黄瓜在结瓜期,营养生长与生殖生长同时进行,设法使其保持相对的平衡,延长结果期,是高产的保证。

黄瓜的根瓜坐住后,生长至花端微显细黄条,达技术成熟期时,其上的第二条瓜正好坐住,第三条瓜进入开花期。这时根瓜必须采收,否则,进入种子生长期后,不仅会严重抑制腰瓜生长,而且会抽空根系营养,使根系渐衰,进而影响茎叶的生长。

第一瓜采收后,第二瓜进入旺盛生长期。当第二瓜达商品成熟期采收后,第三瓜又进入旺盛生长期,第四瓜正好开花,如此陆续生长到顶瓜。与此同时,侧枝也开始生长,打头摘须后,也开始开花结果。所以,黄瓜从第一果采收开始,植株上就一直有着1条至几条瓜,陆续由坐果而逐渐进入生长期。此后,瓜的生长对茎叶的生长产生抑制,待第二瓜达到技术成熟时,叶面积发展趋于缓慢。当侧枝开始结果后,植株上下挂果,营养生长较慢,即使新生的侧枝,也不易跑条。所以,结果期在栽培上,主要是调节开花结果和茎叶生长的关系,使叶面积指数经常保持在3～4,才能获得高产。

五、对环境条件的要求

（一）温　度

黄瓜喜温、畏寒、忌高温。生长发育的温度范围为 $10℃$～$35℃$，适宜温度是 $25℃$～$30℃$，白天以 $25℃$～$32℃$、夜间以 $15℃$～$18℃$ 为好。从播种到果实成熟需要的积温为 $800℃$～$1\,000℃$，其中最低有效温度为 $14℃$～$15℃$。

黄瓜种子发芽的温度范围为 $12℃$～$40℃$，而最适温度为 $25℃$～$30℃$。低于 $18℃$ 时发芽很慢，高于 $32℃$ 时发芽率低。在实际育苗中，昼温 $27℃$、夜温 $22℃$ 时，可以得到充实的芽子。

当光照、湿度、土壤营养及二氧化碳等条件正常时，生长发育的适宜温度为 $18℃$～$28℃$，尤以 $24℃$ 为最好。黄瓜生长的低温界限为 $10℃$～$12℃$，所以，常把 $10℃$ 称为"黄瓜经济的最低温度"。$5℃$ 时有受冻危险。经过低温锻炼的健壮植株的冻死温度为 $-2℃$～$0℃$。不同品种耐低温的能力不同。对低温的适应能力因降温的缓急和锻炼的程度而有很大不同：温室栽培的温度骤然低于 $12℃$，可能受寒害；冷床育苗时，温度降到 $5℃$ 不会受冻，甚至可忍耐几小时 $2℃$～$3℃$ 的低温。低温中生长的黄瓜，节间变短，雌花增多。

黄瓜不耐高温，光合作用的适宜温度为 $25℃$～$32℃$。在一般情况下，温度达 $35℃$ 左右时，同化生产率与呼吸消耗达到平衡。如果二氧化碳浓度升到 1.22% 时，光合适温可以提高到 $38℃$。$40℃$ 以上时光合作用急剧衰退，生长停止。另外，$30℃$ 时容易产生带叶果实和双瓜果实，有时还会使果实味苦。

温度超过 35℃时生育受阻,遇 50℃的高温后 1 小时呼吸作用停止,并使茎叶产生坏死。白天在 45℃中经 3 小时,叶色变淡,雌花蕾脱落,花粉发芽不良,并且引起畸形果。当空气湿度大时,可忍耐 2 小时 48℃的高温,60℃时 5 分钟便死亡。

　　黄瓜开花的最低温度为 15℃,花药开放从 16.5℃开始,最适为 18℃～21℃。一般认为花粉发芽的温度范围为 10℃～35℃,在人工培养基上发芽的最低温度应高于 13℃～14℃,发芽的最高温度有时可达 40℃,实用上应在 30℃以下。大致在 40℃中经 2 小时,35℃中 10 小时可能发芽。高温中花粉寿命短,受精不良,容易引起落花并使果实变形。黄瓜适宜的授粉温度为 19℃～29℃,以 25℃左右为最佳授粉温度。在此温度条件下授粉可以获得最多的单瓜结籽数。15℃～17℃的较低温度和 31℃以上的高温不利于黄瓜坐瓜,在 19℃～29℃时授粉坐瓜率较高。曹辰兴等研究发现,在 5 月中下旬的大棚内制种,9 时授粉的黄瓜虽然瓜条长度较小,但是有种部位较长,单瓜种子粒数最多,产量也最高。试验同时发现,在 16 时左右黄瓜授粉也能获得较高的产量,其授粉效果要远大于 11 时以后授粉的黄瓜。这是由于大棚内空气湿度较大,雌、雄蕊寿命较长,下午仍能保持较强的生活力。一般认为,黄瓜授粉的适宜相对湿度为 60%～70%,大于 85%不利于花粉的萌发,授粉结籽率明显下降。因此,阴雨天不宜进行人工授粉。受精后经过 8 小时花粉管进入花柱。随着花粉管的不断伸入,种子数也逐渐增加,而对种子数影响最大的时间是在授粉后 24 小时。从受精部位与种子数之间的关系来看,授粉后 8 小时花粉管伸长到种果的中部,使果实先端大部受精,随着时间的增加,在这个部位里种子数也增加。

　　黄瓜开花主要取决于温度及光照等条件。许多书上说黄瓜在半夜开花或天亮前开花,是错误的。据我们观察,关中地区的黄瓜早期结果阶段,天气晴朗时,早晨 6 时至 6 时 30 分开花,温度要在 16℃以上。遇阴雨或温度偏低时开花时间延迟。在黑暗条件下,即使 20℃以上,也不能完全开花。Cumo 和 Kpemep 报道,如果白天气温低于 15.6℃,就很少开花或呈半开状态。黄瓜在开花当日授粉,最低温度为 16.5℃～17℃,最适温度为 18℃～22℃。温度低时,甚至开花 1 天后花药也不开裂。白天温度的高低对花粉生活力有重大影响,在 14℃～17℃条件下,花粉生活力降低到 25%;7℃～12℃或超过 35℃则花粉生活力丧失。20℃～23℃时,开花散粉后几小时以内,花粉生活力最强,超过 4 小时后,生活力大大降低。黄瓜雌花比雄花寿命长,雌蕊在开花前 2 天到开花后 1 天均有受精能力,开花后受精能力可持续 48 小时。因此,在晴天,人工杂交时,最好在 7 时至 11 时进行,授粉当日如温度低,开花晚,开始授粉时间可晚一些,甚至可全天进行。

授粉后经 3 小时花粉管开始萌发,32 小时完成受精。受精后雌花花瓣闭合。未经授粉的雌花,可维持 2～3 天。育种上,在必要时也可对这种雌花授粉,但雄花须选用当日开放的花朵。尽管如此,对开花后第二天或第三天的雌花授粉,结籽率均比较低。因此,杂交授粉以选用当天开放的雌雄花为最好。蕾期授粉也不宜采用。

黄瓜对地温较敏感。根伸长的最低温度为 8℃,最适 32℃,最高 38℃。根毛发生的最低温度是 12℃～14℃,最高 38℃。黄瓜生育最好的地温为 25℃左右,地温低于 12℃生长受阻,所以,最低应保持在 15℃以上,但不应超过 35℃。在低温期,最好是地温能比气温高 5℃。因为地温与气温互有影响,高地温可以补充低气温。当气温高于适温时,地温稍低些对生育较有利。地温过低时,根系生长不良,甚至发生沤根和花打顶现象。地温和气温都低时,以提高地温为好,地温提高1℃,相当于提高气温 2℃～3℃的效果。因为地温提高后,可以显著地促进根系的呼吸作用,增加吸收力。如将地温从18℃提高到 24℃,早期产量和总产量分别提高 45.6％和34.1％。但不宜超过 32℃,否则,早期产量虽略有提高,但总产量降低。用黑籽南瓜作砧木嫁接的黄瓜,对地温的适应性显著增强,当地温降至 15℃,甚至 12℃时仍能正常生长。

许多研究证明,黄瓜要求昼夜有一定的温差,一般以昼温25℃～30℃,夜温 13℃～15℃,昼夜温差 10℃～17℃为宜,而最理想的昼夜温差为 10℃左右。夜温要低,首先是因夜间不进行光合作用,不需高温,低温可减少呼吸消耗;其次是夜间无紫外光,温度高了会徒长。

黄瓜同化物质的转运主要在夜间进行,夜间转运量约占总量的 3/4。叶片中的同化物质向茎、根、果中转运,其速度与温度关系密切:当夜温为 20℃时需 2 小时完成,16℃时需 4小时完成,13℃时需 6 小时完成,10℃时 14 小时转运量尚不足 1/2,如果夜温不适宜或因转运未完,叶中有积累的物质时,则会影响次日的光合作用。所以,从光合产物顺利运输角度出发,认为日落后 2～4 小时保持 16℃～20℃,之后再维持更低的温度较为有利。

(二)水 分

因黄瓜根系较浅,叶面积大,耗水多,故不耐旱。土壤水分不足时生长慢,产量低,品质差。露地黄瓜单株干物重 133 克,其整个生育期蒸腾量达 101.7 千克,平均每天蒸腾量 1 591克,形成 1 克干物质需水量为 765 克,即蒸腾系数为 765。用水槽进行水培,按生育期及茎叶水分减少量、凋萎度、根的腐败程度分,黄瓜属耐湿性中等的蔬菜。要求的土壤湿度为0.05～1巴,相当于田间持水量的80%～90%。空气相对湿度白天为80%,晚上为90%,这时只要每秒风速达200厘米,光合作用仍能正常进行。空气相对湿度一般不可低于80%,如果土壤湿度高,空气相对湿度虽在50%左右,也无严重影响。空气湿度过高时叶表面形成水膜,干扰气体交换,并对光线产生折射作用,影响光合强度;同时蒸腾作用受阻,影响水分和养分的吸收;如果叶缘出现水滴,更容易生病。

在覆盖栽培中,黄瓜的灌水指标一般为PF值(PF值是由土壤水分张力计测得的土壤负压值,换算成以毫米水柱表示的数值,减去张力计压力表头到陶磁管中心高度相应的水柱数值,然后取对数即为PF值。PF越大,土壤水分越小)1.5～2,但在采收盛期,日照充足,光合作用旺盛时,灌水指标可降低到PF值1.3～1.4,而且对水分保持量小的沙质土等,PF值往往还要降到1.3以下。

黄瓜生育期不同,对水分的需要也不同,栽培中必须根据这个特点进行管理(表1)。

表1 黄瓜不同生育期水分管理要点

生育期	土壤负压 (PF)	土壤含水量 (%)	灌 水 要 点
育苗前期	2.0～2.3	24～28	播种前浇足水,一般不再浇水
育苗后期	2.5	18～19	适当控水,分期覆土
定 植 期	1.7	26	移植时浇湿土坨,及时浇还苗水,10～16厘米土层相对含水量95%

生育期	土壤负压 （PF）	土壤含水量 （%）	灌 水 要 点
生长前期	2.1～2.2	22	浇水量不宜过大
盛瓜期	1.7～2.3 2.1～2.3	20～22	需浇足水，勤浇。开始采收后，每5～7天浇一水，盛瓜期每3～4天浇一水。每次浇水量15～20立方米/667平方米，发病期上午浇水
采收后期	2.5	18～19	适当浇水，采收前1天浇水。天热时傍晚或早晨浇水

（三）光　　照

黄瓜属短日照作物，8～11小时的短日照条件，能促进性器官的分化和形成。黄瓜是喜光作物，光照充足时同化作用旺盛，产量高，品质好，但因其起源于森林地带，所以，也较耐弱光。光的补偿点为2 000勒，饱和点一般为5.5万～6万勒。通常当光照度低于2万勒时，植株生育迟缓，不足1万勒时则生育停止。

黄瓜叶的光合生产率取决于叶的光合强度和呼吸强度之差，其呼吸大致消耗光合产物的15%～20%，而光合强度的变化较大，且是物质积累的基础。同时又受温、光、水、肥与气等环境条件的影响。

黄瓜的光合强度与温度关系密切，在完全日光强度和1.22%二氧化碳浓度下，光合作用的强度在39℃时达到最高峰；51℃时停止。在高温条件下，呼吸进程远大于光合进程。所以，最多的干物质积累不是39℃，而是在26℃～30℃。

温光结合对黄瓜光合强度的影响很大。18.4℃时,光的饱和点为 15 840 勒;34.4℃为 17 200 勒,27.1℃则在 20 000 勒以上。所以,黄瓜在强光下可以高温,以 27℃左右为最好;在弱光下则应该保持低一些的温度。

气流对黄瓜光合作用也有影响。这种影响主要发生在紧闭的大棚或温室内。二氧化碳气体较重,它送入气孔要借助气流,当空气流速为 50 厘米/秒时,光合强度为 0.18 毫克二氧化碳/平方厘米·小时。

拱棚中,气流能保持在 2.5～7.5 升/平方厘米断面每小时的速度时,对光合强度提高有利。

如上所述,黄瓜光饱和点一般为 5.5 万～6 万勒。可是,在冬春季节日照弱,即使在晴天,日照强度也只有 5 万勒左右,而其进入保护地中的光仅 5～7 成,很难达到饱和点,所以,保护地栽培中增加光照是必要的。温室中前排产量一般等于中排和后排之和,除前后排温差大小不同外,前排光强也是重要因素之一。

黄瓜在光的作用下,将吸收的二氧化碳和水转变成有机物,同时放出氧气,这一过程叫光合作用。黄瓜干重的 90%～95% 以上来自光合作用。黄瓜的光合强度一般为 0.24 毫克二氧化碳/平方厘米·小时,如果条件适宜则可达 0.78 毫克二氧化碳/平方厘米·小时。

光合作用一般从早晨到中午进行最旺盛,占全天同化量的 70%～80%。因此,上午给予足够的光照强度和较高的温度是必要的。

(四) 土 壤

如果水分和有机质充分,黄瓜在各种土壤中都能良好生长。在粘质土壤中生长慢,长势强;沙性土壤中生长快,但易衰老。土壤酸碱度以中性偏酸为好,pH 值 5.7～7.2 较好,pH 值 6.5 为最适宜,低于 pH 值 4.3 时植株会枯死。当土壤酸碱度在 pH 值 5.3 左右时,每 1 000 平方米可施入 150～180 千克熟石灰,以中和酸性。

黄瓜生长不仅需要多种无机营养元素,而且各元素之间应保持适当比例。黄瓜吸收的无机营养元素的种类很多,其中以氮、磷、钾、钙、镁等最多,其他尚有微量元素。生产中,人工施用和调节的主要元素是氮、磷、钾 3 种。

黄瓜植株茎叶干物质中含氮 3%～5%,五氧化二磷 0.4%～0.8%,氧化钾 3%～7%;果实干物质中含氮约 3.5%,五氧化二磷约 1.2%,氧化钾约 5.3%。在植株吸收的营养元素总量中,果实占 50%～70%,根占 1.5%左右。黄瓜比茄子、甜椒等对盐类的浓度敏感,黄瓜幼苗期只能忍耐 340×10^{-6} 的浓度,结果期能忍耐 500×10^{-6} 的浓度。露地土壤溶液的总盐浓度,高的多为 $3 000 \times 10^{-6}$,而设施内土壤中常达 $10 000 \times 10^{-6}$ 甚至 $20 000 \times 10^{-6}$,容易产生盐害。所以,土壤中要多施有机质,有机质分解产生的腐殖质胶体,能吸附游离在土壤溶液中的无机元素,使土壤溶液保持较低的浓度。当土壤中的无机元素被根吸收而减少后,吸附在腐殖质胶体上的无机元素可陆续释放出来供根利用。

(五)气体条件

黄瓜光合作用的基本原料是二氧化碳和水。在正常情况下,空气中二氧化碳的含量为 0.03%。二氧化碳浓度增加后,光合强度随之增加。二氧化碳的饱和浓度为 0.1%,超过此浓度生育失调,甚至中毒。如二氧化碳浓度达 1%时,雌花率达

100％,但因发育不良,坐不住瓜。在强光及相应的高温条件下,二氧化碳的饱和浓度可提高到 1％。黄瓜对二氧化碳的补偿浓度为 0.005％,低于此浓度,会因饥饿而死亡。

氧对黄瓜生育也很重要,尤其根系的活动与土壤空气中氧的含量有密切关系(表 2)。

表 2　土壤空气中氧气浓度对黄瓜吸收三要素的影响

氧气含量		2％	5％	10％	21％
吸肥量	氮(毫克/株)	317.40	445.80	555.20	720.10
	磷(毫克/株)	35.20	70.70	90.10	102.10
	钾(毫克/株)	253.80	472.50	666.60	762.80
植株干物质总重(克/株)		9.85	13.62	16.82	17.45

大气中氧含量为 21％,土壤空气中氧的含量远比大气中的少,而且常因二氧化碳含量的增加而使氧的含量降低。因此,在黄瓜生产中,应注意增加土壤空气中氧的含量。

黄瓜生育还受另外一些气体的影响,如向土壤中施入易挥发性氮肥如氨水、碳酸氢铵等后,会放出氨气。当空气中氨含量达到 0.1％以上时,就可能危害黄瓜,使叶缘组织变为褐色,严重时枯死。硝态氮肥施入土壤后,经硝化作用产生二氧化氮气,当空气中含量达 2×10^{-6} 以上时,会使黄瓜叶缘及叶脉间细胞死亡,形成白色或褐色小斑点。

保护地内烧煤加温时,常会产生二氧化硫气,当空气中含量达到 5×10^{-6} 以上时,会使黄瓜发生二氧化硫中毒危害。

其他气体如一氧化碳、硫化氢以及醇、醚等,当其含量达到一定界限后,也能危害黄瓜。

六、育苗与嫁接

（一）壮苗的培育

育苗是黄瓜栽培中的重要环节。特别是冬、春季育苗，可以利用防护设施，在人为创造的较适宜的环境中，提早播种，当其长大后再栽植到大田。这不仅能够经济利用土地，增加复种指数，节省劳力、种子，而且更重要的是产品可提早上市，延长生长期，增加产量。

1. 壮苗标准

日历苗龄约 30～45 天，4～5 片真叶，高 20 厘米，茎粗壮，节间短，子叶完好、肥大。叶片肥厚、浓绿，叶面、叶背刺毛浓密。根系发达、色白，土坨完整，无病虫害。

2. 播前准备

黄瓜根系木栓化较早，断根后再生力差。因此，最好用营养钵育苗，减少定植时伤根，并便于操作。常用的苗钵有泥钵、纸钵、塑料钵、草钵等。

方块育苗又叫切块育苗，可用于播种，也可用做分苗。其方法是：苗床挖好后铲平床底，为便于将来起苗，先在床底铺一层细沙或炉渣灰，厚约 0.2 厘米，再填入培养土，厚 10 厘米。然后，引水灌床。待水渗完，再撒一层培养土，厚 0.2 厘米。随即用直刀趁湿深切成 10 厘米×10 厘米的方块，在每个方块中央点籽或分苗。定植时逐块搬下，不仅伤根少，苗子壮，成活率高,而且花钱少,工效高。

　　冬春黄瓜多用棚室或阳畦育苗。棚室内做畦,上铺地热线,然后摆放苗钵或填入培养土,播种后畦面加小拱棚,用塑料薄膜覆盖,必要时尚需用遮阳网、草帘等遮光。

　　培养土也叫床土,它除供应秧苗需要的水分、养分和空气外,还可固定植株。培养土的好坏对幼苗的生育影响很大,没有好的床土就培育不出好的秧苗。培养土必须疏松、肥沃,没有病虫害和草籽。培养土的组成很重要,一般由园土4～6份,腐熟厩肥6～4份组成(按容积)。若土壤粘重,还需掺沙。另外,每1立方米培养土中再加入过磷酸钙1千克,硫酸钾0.25千克,尿素0.25千克。鸡粪中含有大量的磷、氮、钾,干鸡粪含磷3.7%,氮3.64%,钾1.8%,加入床土中,苗子壮实。所用的厩肥、鸡粪,应于前一年夏季进行堆沤,使其充分腐熟,分解成细末状时再用。堆沤时,尽量使温度升高到70℃,以杀死潜藏的病虫害。配制培养土用的土壤,要从近2～3年未种过同科作物的地中挖取,最好用葱蒜地或禾谷类作物地里的表土,尽早挖出,晒干打碎,过筛。

　　纯园土排水性及透气性均差,直接作培养土,肥力不足,且干燥后容易板结,影响出苗和秧苗生长,还常因龟裂引起跑墒和断根。加入腐熟厩肥后不仅能改善其理化性质,加强保水性、排水性、通气性和保温性,而且厩肥中的有机质分解产生腐殖质,其胶体能吸附无机元素,使土壤溶液保持较低浓度。当土壤溶液中的无机元素被根吸收而减少后,吸附在腐殖质胶体上的无机元素又可陆续放出,供作物利用。所以,多施腐熟厩肥还能提高土壤吸收量,加强床土的缓冲力,对提高出苗率,加速秧苗生长发育有利。但不宜用纯厩肥,否则会由于排水性和通气性过强而影响到保水性和保温性,温度低,干燥快,移植时秧苗带土困难。床土中掺入沙,虽也能使床土疏松,但因沙的吸收量少,缓冲性远逊于有机质,所以,配制床土时应强调多加有机质。至于腐熟厩肥的用量问题,与其质量有关。笔者1971~1972年通过对土与粪1：1；2：1；1：2三种(按容积)配合比观察,以1份土,2份粪比例配合的床土,苗子生长最壮。

苗期根系弱,分布浅,对化肥反应敏感,溶液浓度不能太高。如黄瓜幼苗能适应的无机盐的浓度为0.034％,成株为0.05％。因此,当施肥过多,土壤溶液浓度过高时,会发生反渗现象,幼苗根系发育不良,甚至不发根。墙炕土中所含的氮、钾等为速效性,育苗时要尽量少用或不用,以免"烧苗"。黄瓜对氮肥浓度反应敏感,每1立方米床土内施入硝酸铵100克以内时,第一雌花分化早,着生节位低;用量加大,则第一雌花着生节位上升,还会抑制生长。所以,黄瓜播种初期或移植前,可以不施氮,后期追施或移植后施入少量氮肥,能促进幼苗的生育。

磷肥对幼苗效果非常明显。增施磷肥既能使番茄、黄瓜等幼苗生育加快,花芽分化提早,又能提高抗寒性和抗旱性。西安地区土壤中,普遍缺磷,个别缺钾。如西安市南郊西姜村菜田,速效氮为101×10^{-6},速效磷仅10×10^{-6}。增施磷肥很有好处。

为防止土壤带病,特别是减少猝倒病、立枯病和菌核病菌,每1 000千克培养土,用200~300毫升福尔马林,加水25~30升,稀释后喷洒到土中,拌匀堆积,用湿草帘或塑料薄膜盖严,闷2~3天,再摊开,待药气散完后使用;或播种时,每平方米苗床用70％的五氯硝基苯,与50％的福美双(或65％的代森锌)等量混合的粉剂8~9克,掺干细土10~15千克,做垫籽土和盖籽土；或每平方米用50％的多菌灵，或70％的苯来特4～5克，加水稀释后洒到床面，将苗床密封2～3天后，再播种或移苗。

3. 砧木的选择

嫁接是取植物的一部分枝或芽，接到另一植物体上，培养成为1株新植株的育苗方法。剪取的枝或芽，称接穗，被接的植物称砧木。嫁接后利用砧木发达的根系，高度的抗病性和极强的适应能力，可以有效地克服连作障害，增强长势，提高产量，增加效益。枯萎病是黄瓜生产中主要的病害之一，连茬生产时发生严重。一般要隔5年以上才能在同一地块再生产黄瓜，而这在保护地生产中几乎是不可能的。采用对枯萎病免疫的砧木进行嫁接换根是克服连茬障碍最有效的方法。试验表明，在茎、叶柄上进行伤口接种枯萎病病菌，南瓜、黄瓜都有病菌侵入。但是南瓜伤口侵染的病菌不扩展，植株仍正常生长发育；而黄瓜伤口侵染的病菌继续向四周扩散蔓延，7天后组织全部坏死。同时，把南瓜、黄瓜叶片汁液分别滴在枯萎病病菌培养平板上，24小时后，滴入黄瓜汁液的培养平板上60％的孢子萌发，而滴入南瓜汁液的孢子均未萌发。这说明南瓜体内本来就含有抑制枯萎病病菌萌发的物质，进一步证明南瓜对黄瓜枯萎病病菌有免疫作用。无论在各个时期，嫁接黄瓜地上部根结线虫的发病情况均明显轻于自根苗。说明黄瓜与黑籽南瓜嫁接可以有效地提高地上部对根结线虫的耐受能力，生长前期效果尤为显著。

由于砧木根系比黄瓜的根系发达，因此，嫁接苗吸收水肥的能力比自根苗明显增强。嫁接黄瓜的根系发达，根系活力提高，从而促进了对大多数矿质营养和水分的吸收，根、茎、叶等各器官和全株的生长势明显增强。嫁接后，虽然在接口愈合期有8～10天的缓苗期，接穗生长停止，但是接口愈合后生长速度加快，特别是定植后各器官生长更加迅速。适宜的砧木能明显提高黄瓜对环境低温的抗性。各种南瓜与黄瓜嫁接均具有较好的亲合性，只有灯笼、大白、香炉、长媳和黑籽南瓜做砧木能明显提高嫁接苗抗寒性。于贤昌等以黑籽南瓜和新土佐（Cccurbita maxima × Cucurbita moschata）为砧木，对黄瓜进行嫁接，均能够明显提高黄瓜对低温的抗性：嫁接苗的低温半致死温度明显降低，在5℃低温胁迫下，嫁接苗呼吸强度高于自根苗，根系琥珀酸脱氢酶活性较自根苗稳定，从而维持了较高的能量代谢水平。

嫁接不仅提高了黄瓜对空气低温的抗性，而且有利于提高黄瓜对土壤低温的抗性。黄瓜嫁接苗（砧木为黑籽南瓜）生长最快的地温是20℃～25℃，而自根苗则为30℃，嫁接黄瓜地温的适宜范围向低温区移动。地温低于17℃时，嫁接苗生长量大于自根苗；地温越低，二者差异越大，这说明嫁接提高了黄瓜耐低地温的能力。

在南瓜中也有一些耐热的品种，如白菊座南瓜耐高温、高湿，适合于夏秋多雨季节做砧木，从而提高嫁接苗对高温高湿的抗性。

嫁接还可以提高黄瓜对盐害的抗性，这主要是南瓜根系比黄瓜根系的膜稳定性好、根系活力强、对 K^+、Ca^{++} 和 Mg^{++} 等吸收多，抑制了 Na^+ 运输到叶片，使叶片获得较多的 K^+、Ca^{++} 和 Mg^{++} 并改善 K^+/Na^+ 状况，从而使黄瓜叶片可合成较多的保护物质和渗透调节物质。黑籽南瓜做砧木，在 0.3% NaCl 胁迫下，黄瓜嫁接苗的株高、展叶和叶面积抑制率，质膜透性和 MDA 增加率均低于自根苗，这表明黑籽南瓜砧木可提高黄瓜的抗盐性。试验进一步表明,无论盐胁迫与否,嫁接苗的脯氨酸和饱和脂肪酸含量、饱和渗透势($\times 100$)均高于自根苗,说明嫁接苗含有较多的渗透调节物质对渗透胁迫的调节能力强;嫁接苗根系活力、伤流量较高,说明南瓜根系的抗逆能力较黄瓜根系强;根和叶片中 K^+、Mg^{++}、Ca^{++}含量提高,K^+/Na^+高,说明嫁接后根系活力强,对 K^+、Mg^{++}、Ca^{++}的吸收能力增加。同时,嫁接抑制较多的 Na^+ 流入叶片,使叶片获得较多的 K^+、Mg^{++}、Ca^{++},同时改善了 K^+/Na^+ 状况,这可能是嫁接提高抗盐性的一个重要原因;维生素 C 含量、POD 和 CAT 活性高,说明嫁接提高了膜保护能力,清除自由基的能力增加。

　　生产中常用的黑籽南瓜砧木根系强壮,对水肥的吸收能力强,而且嫁接能够提高黄瓜植株的抗病性和抗逆性;同时,嫁接过程促进了乙烯的形成,使雌花节位降低,雌花率上升。因此,嫁接无一例外地提高了黄瓜的产量,尤其是前期产量。一般说来,嫁接使温室黄瓜生产前期产量增加 15%～350%,总产量增加 5%～100%,因栽培季节和栽培品种不同而有明显的差异。栽培时期越早,嫁接苗越能发挥其在低温下的生长优势,植株生长旺盛,根系吸收水肥能力强,增产效果越明显。这也是嫁接苗冬季温室生产增产效果大于春季大棚的原因。同时,中晚熟品种由于雌花节位降低明显,雌花数和结瓜数明显增多,因此,采收期提前、前期产量增加明显;但是总产量增加较少。而早熟品种早期产量增加较少,总产量增加相对较多。同时,由于营养供应充分,嫁接黄瓜单瓜重明显增加,而且瓜条颜色深、顺直、畸形瓜少,从而提高了黄瓜的外观品质。所以,选择优良砧木是嫁接成功的基础。优良砧木的条件是:与接穗亲和性好,具有良好的适应性和抗逆性,尤其对土传性病害有高抗性或免疫能力;嫁接苗产量高,品质优良,商品性好。

据报道,目前黄瓜嫁接栽培中可以利用的较好的砧木有黑籽南瓜、日本土佐系南瓜、阿勒其瓜和我国选育的南砧1号,其中应用最多的是黑籽南瓜。

黑籽南瓜又叫米线瓜、纹丝瓜,是南瓜属中一个种,因种子的外皮为黑色而得名。该南瓜的叶片近圆形,缺刻深,似无花果叶,故又叫无花果叶瓜。原产于中美洲,我国早已引入。因其喜温,不耐热,又系短日照作物,生长期又长,适宜的栽培地区不广。加之经济价值不大,所以,栽培不多。1979~1990年在云南省考查发现,该省偏僻山区有零星种植做饲料用的。用云南黑籽南瓜做黄瓜的砧木,效果与国外的黑籽南瓜相似,产量也高。用黑籽南瓜嫁接黄瓜的优点是:①黑籽南瓜与黄瓜亲和力高,温度、湿度适宜时嫁接成活率可达90%以上;②对瓜类枯萎病具有高抗性,对疫病、炭疽病等也有一定的抗性;③耐低温性好,能耐短期 $2℃ \sim 3℃$ 的低温,当气温降至 $6℃ \sim 10℃$,地温达 $12℃ \sim 15℃$ 时,根系仍可正常生长。这是黑籽南瓜一个突出特点,所以,特别适于冬季和早春的黄瓜嫁接栽培。目前日本温室内越冬栽培的黄瓜,全部采用嫁接栽培,所用砧木70%是黑籽南瓜;④黑籽南瓜的嫩瓜和老瓜的风味及硬皮等特性,与瓠瓜相似,味很淡,用其做砧木,黄瓜的品质不变;⑤黑籽南瓜根系发达,可克服连作障害。嫁接黄瓜后生长旺盛,省肥,省水,产量高;⑥黑籽南瓜具有耐短日照的习性,故对深冬黄瓜生产极为有利。

因黑籽南瓜具有上述优点,所以,它是国内外公认的黄瓜的好砧木。特别是利用日光温室进行越冬栽培和早春进行促成栽培时,用之做砧木嫁接黄瓜,培育壮苗,是保证黄瓜高产、优质、高效益不可缺少的措施。

黑籽南瓜单瓜含种子约 400 粒,种子千粒重 100 克。饱满种子的种皮为黑色而有光泽,稍瘪的种子呈褐色。种子有休眠期,当年采收的新籽,特别是愈饱满的种子,发芽率愈低,发芽也不整齐。种子存放 1 年后,发芽率提高。

黑籽南瓜不抗根瘤线虫,要注意及时防治。

阿勒其瓜又叫荒地南瓜,长势比黑籽南瓜强,而且耐寒。嫁接苗在冬季夜温降至 2℃～3℃,气温 12℃～13℃时的产量,相当于黑籽南瓜 15℃时的产量。阿勒其瓜的幼苗遇上几次霜冻,也不会冻死。根系在低温下生长快,吸收力强,与黄瓜嫁接亲和力好。其缺点是种皮硬,发芽势弱,胚轴细而短,嫁接较困难。

4. 播种及幼苗培育

(1)苗床整理 黄瓜嫁接苗一般是在冬暖式大棚内培育。苗床地要无严重病虫害。苗床上设拱架,并备有塑料膜及草帘。嫁接育苗一般需准备多个畦,接穗(黄瓜)苗床 1 个,砧木苗床 1 个,嫁接苗苗床 2～3 个。畦向南北,宽约 1.2 米。播种床多用高畦,畦高 5 厘米,床土要疏松、肥沃。嫁接苗移植床常用低畦,畦深约 15 厘米,畦埂要宽、厚、结实。畦面整平后,踩实。先铺一层细沙或炉灰,厚 0.5 厘米,再铺培养土,踩实后厚 10 厘米。培养土的配法是:腐熟厩肥 5 份,肥沃园土 3 份,腐熟大粪干 1 份,陈细炉灰或细河沙 1 份,充分混匀。再按肥力状况每立方米床土中加入尿素 200～300 克,过磷酸钙 1 000～2 000 克。配好的床土中应含速效氮 150×10^{-6},速效磷 200×10^{-6},有机质 15% 以上,总孔隙度 60% 以上。分苗床床土可适当减少腐熟厩肥的比例,增加园土的用量,使定植时不易散坨。

播种时先灌足底水,水渗后覆1层底土,厚约0.2厘米,抹平后点播。若用于栽植嫁接苗,可先开沟,顺沟灌小水,水渗后再摆苗,覆土。也可直接把床土填入育苗盘或苗钵中。若用纸钵育苗,纸钵直径应达10厘米,高10厘米,装入培养土后放纸钵时,钵与钵之间要挤实,两钵之间的空隙用土弥严,防止水分蒸发。灌水后,再栽苗,覆土。

(2)浸种、催芽和播种　浸种前先将种子晾晒2~3天,增强活力和吸水性,并拣除破籽、瘪籽和霉烂籽。为消灭种子上附着的枯萎病、炭疽病、立枯病及角斑病等病原菌,可先用0.1%高锰酸钾水溶液浸种10~20分钟,清水冲净后再用清水浸种。

每667平方米温室需用黄瓜籽150克,黑籽南瓜籽2 500克,将其分别用55℃温水,恒温浸种10~15分钟,倒入凉水,使水温降至30℃左右,然后继续浸泡:黄瓜6~10小时,黑籽南瓜8~12小时。也可用热水烫种的方法:先把种子晒干,将种子倒入80℃水中,不断搅动,5~10秒种后立即掺入凉水,使水温降至55℃,5分钟后再掺入凉水,使水温降至30℃,再继续浸泡,使其吸足水分。

种子浸好后搓洗净种子上的污物,捞出,控去水分,稍晾一下,使种子表皮略干后用湿纱布包好。黄瓜种子置放25℃~30℃处,黑籽南瓜置放30℃~33℃处,每天用温水冲洗1~2次,冲洗后甩掉多余水分。黄瓜经24小时,黑籽南瓜经32~48小时,种子可破嘴露白,当芽子长度达0.5厘米时播种。

育苗分温室内育苗和温室外育苗两种。温室内育苗可在10月10日前后播种,温室外育苗可提前至10月1日左右,务使其在严冬前植株高度达到60厘米,共有10余片叶。

嫁接方法不同,砧木和接穗的播种期也不一样。靠接时,接穗宜大,黄瓜可比黑籽南瓜早播 4~6 天;顶部插接时,接穗要小,黄瓜可比黑籽南瓜晚播 3~4 天。

播种前苗床要浇透水,并喷洒 95％敌克松可湿性粉剂200~400 倍液,防治苗期病害。然后将种子均匀播入。黄瓜行距 5~6 厘米,株距 3 厘米,黑籽南瓜行距 10 厘米,株距 4 厘米。播时,种子一粒一粒地按一个方向平着摆好。播后覆土,厚 1.5 厘米,再覆地膜、报纸或干草保湿。畦上再搭小拱棚,上覆薄膜。幼苗顶土时,撤除地膜,以防烧苗。

播种后到出苗前,以提高地温为主,白天气温保持25℃~28℃,地温 25℃~28℃;夜间气温 23℃,地温 20℃~23℃,使其尽快出苗,减少养分消耗。幼芽拱土出苗,子叶露出地面后立即撤除地膜、纸被等,使之见光。苗出齐后立即通风降温,白天气温保持 25℃~28℃,晚上 15℃~20℃,昼夜温差保持10℃,并注意采用遮荫调光、控湿等措施控制苗子高度。

接穗苗和砧木苗出苗后,特别是嫁接前几天,都要多见光,少浇水,温度尽量低些,防止徒长。

不论采用哪种嫁接方法,最适宜的苗龄是:砧木为第一片真叶刚出现至半展期,下胚轴长度 5~7 厘米。接穗为播种后10~12 天,靠接者以 1 叶 1 心,下胚长 5 厘米为佳;插接者以子叶展平,真叶尚未出现时为佳。苗子过嫩,接后虽能成活,但不便操作,而且生长发育缓慢;苗龄过长,下胚轴中空,细胞老化,增生能力弱,不易愈合。靠接时,接穗和砧木的下胚轴的长度和粗度尽量一致;插接时,接穗下胚轴长度和粗度可比砧木小些。下胚轴的长度和粗度主要通过调整温湿度和光线强度等方法控制。高温、高湿、阴暗时胚轴容易伸长,苗弱,易倒伏;反之,则短。胚轴过短时,嫁接部位低,定植后接穗常与土壤接触,产生不定根,形成自根苗,失去嫁接的意义。

(二)嫁接的场所和用具

1. 嫁接的场所

嫁接操作时,最好选择背风,遮荫,无直射光照晒,与外界接触少,气温 20℃~24℃,空气相对湿度 80%以上,操作方便;嫁接后可以及时移栽,并对移栽苗能保温、保湿,确保成活。所以,最好是在专设的育苗大棚,或育苗后即可用做栽培的大棚内进行。大棚宽 4~5 米,长短按需要而定,南北走向,内设育苗床。苗床按播种、嫁接、移栽育苗的顺序设置,以便操作。嫁接操作区上面用黑纱布或草帘遮好,防止阳光直射。大棚面积大时,可用塑料薄膜把嫁接操作区围住。嫁接场所要安静,清洁,保证长时间的仔细操作。

2. 嫁接的用具

主要用具有刃具、插签、夹子、苗箱、水盆、铁铲和遮荫物等。刃具是嫁接的主要工具,不论用什么方法嫁接,凡切、割、削接合面和割除砧木生长点等都要用。一般用的是剃须刀片,单面的可直接使用,双面的折成两片使用。刀片必须锋利、耐用,愈薄愈好。刀片先从一头使用,钝后掰去一段,接着用下一段。

插签是插接时,供削除砧木生长点和插孔用的,多用竹筷削成,也可用铁丝、铁钉制作。插签长 10~15 厘米,一端削成与接穗茎粗相等的平面。另一端为扁平状,先端呈半弧形,用火轻烧一下,使尖端变硬无毛刺。

夹子是供切接和靠接时固定嫁接部位,防止错位用的。用合成树脂制成,上有环形钢丝,有一定弹性,使用方便,工效高。上海、北京、天津等地已批量生产,每500克约700个,仅5元左右,一夹可重复使用多年。用旧夹时,宜先用200倍液福尔马林浸泡8小时,进行消毒。

苗箱是离地嫁接时装运秧苗用的,水桶或面盆均可,内盛水,放入秧苗,可防止萎蔫。铲子做取苗和栽苗用。纱布、帘子等是供遮光、保温、保湿用的。

（三）嫁接成活的原理

嫁接后之所以能成活,是由于砧木和接穗切口处的形成层密接,由其产生的愈伤组织互相融合,进而沟通了它们的输导组织,使茎的功能继续发挥作用的缘故。木本植物形成愈伤组织仅限于形成层和筛部,而草本植物除形成层和筛部外,薄壁细胞组织也容易形成愈伤组织,所以,草本植物嫁接更容易成活。但并不是任何两种植物嫁接都能成功,只有砧木和接穗具有良好亲和性的组织嫁接才能取得满意的结果。亲和性是指嫁接组合的两个植物体,嫁接后能生长在一起的能力。它包括嫁接亲和力和共生亲和力两种。前者是指砧木和接穗的愈合能力。嫁接后成活率高的,则嫁接亲和力高,反之则低。而共生亲和力则是指嫁接成活后的共生能力。凡嫁接苗的发育正常,能正常结果,无生育不良现象的为共生亲和力强,反之则差。凡共生亲和力弱的组合,嫁接后开始生长尚好,但当进入结果期后植株长势减弱,表现出黄化,叶片卷缩、变小等现象。嫁接亲和力和共生亲和力有一定关系,但二者并不一致。如葫芦接甜瓜,嫁接亲和力高,嫁接后容易成活,但共生亲和力差,接穗叶片的同化产物不能被砧木根系同化,根系生长不良,不久植株会死亡。在这种情况下,只有在砧木上保留一定叶片,供给根系生长所需物质才能使嫁接苗正常生长。用解剖学研究,摘除砧木叶片后,首先引起筛管组织的破坏。由此推知,砧木叶片可能给筛管供给某些特殊物质,使其功能得以正常进行之故。

嫁接时必须选择与接穗嫁接亲和性高的砧木种类。一般植物间血缘愈近,嫁接亲和力愈高,反之则低。这是由于血缘愈近的植物,愈具有相同或相似的内部形成和相似的生理遗传特性。所以,同种类品种间的嫁接成活率最高。如黄瓜嫁接在黄瓜上,西瓜嫁接在西瓜上,最易成活,这叫共砧嫁接。同属异种间嫁接,成活率也较高,如栽培西瓜接在野生西瓜上。同科异属间嫁接成活率较差,但也因种类不同,嫁接成活率有所不同。如甜瓜与葫芦嫁接,共生亲和性差,当砧木上留有叶片时,接穗才能正常开花结果,否则会很快死亡。而将黄瓜接在南瓜上,或西瓜接在瓠瓜上,则成活率高,生长良好。

嫁接成活的关键是维管束的相互连接,有的嫁接后仅仅是薄壁细胞的愈合,或是接穗在砧木组织中生根,从砧木薄壁组织中或穿过砧木在土中吸取营养,这些嫁接表面上能正常生长发育,但不是嫁接成活。这是必须注意的。

(四)嫁接的方法

黄瓜嫁接的方法有插接、劈接、靠接和去根嫁接扦插等,由此衍生出了许多新的嫁接方法,其效果无差异,但靠接的成活率和工作效率好,故用者居多。

1. 靠 接

用铲子将苗从苗种床中带根挖出,用清水冲净泥土后立即嫁接。

(1)削砧木 用左手食指与中指夹住砧木下胚轴,拇指与食指、中指与无名指分别夹住两片子叶,使两片子叶向两边分开,露出生长点;右手拿刀片或竹签,将生长点和真叶切除。然后,左手拇指与食指将两片子叶向内紧握住,右手拿刀片,在砧木下胚轴上端,距子叶节 0.5 厘米处的宽面,即与两子叶伸展方向的连线垂直处,按 20°～30°的角度,由上向下斜着把胚轴切割到其粗的 1/2 处,切口长 0.8～1 厘米。

（2）削接穗　苗子先端向上,左手拇指与食指握住接穗根部,将苗茎托平放到食指上。使两子叶的伸展方向与五指排列方向一致;也可用拇指和食指握住根部,将苗颠倒,平托到拇指上。右手拿刀片,在下胚轴上部离子叶节 1.2～1.5 厘米的窄面处,由下向上削成 20°～30°角的斜切口,深达胚轴粗的 2/3,长度与砧木上削口一致,约 1 厘米。

（3）接合与固定　左手拿砧木,右手拿接穗,自上而下把两个苗子的舌状切口相嵌在一起,使切口面密切结合,用夹子夹紧。嫁接后立即将其连根一起栽植到营养钵中或苗床中。栽植时,接穗与砧木根的基部相距 1 厘米左右,以便成活后切断黄瓜根部。栽植时埋土深度应在接口下 3 厘米处,防止接穗接触土壤后萌发自生根。经 7～10 天成活后,从嫁接部下,将黄瓜的胚轴切断,再过 10～15 天,可除去夹子（图 1）。

2. 顶插接

顶插接是指将接穗下胚轴切断,削成楔形,插入砧木顶部插入孔中的嫁接方法。先用左手的拇指和食指,从子叶基部握住砧木的茎,用刀将砧木生长点及侧芽削掉。然后用竹签,从砧木一侧子叶中脉与生长点交界处按 75°角,沿胚轴内表皮斜插一孔,深 7～10 毫米,以插签先端不划破外表皮,握茎手指略感到插签时为止。如用力过大,竹签穿破表皮,接穗插入

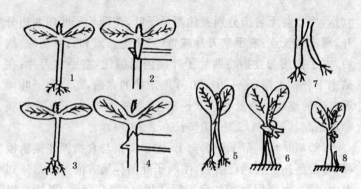

图 1　舌形靠接过程示意图

1. 适龄接穗苗　2. 接穗切削法　3. 适龄砧木苗　4. 砧木生长点及切削法
5. 将接穗切口插入砧木切口中　6. 用夹子固定　7. 栽苗时砧木居中，接穗
根偏外，距砧木 2～3 厘米　8. 嫁接部愈合后从接合部位下将接穗茎切断

后，尖端外露部分，易发自生根，定植后接触土壤，失去嫁接意义。

接穗要小，取接穗时，可以不带根，将其放入水盆中，保湿待用。嫁接时，取出 1 株，用左手拇指与食指轻轻将两片子叶合拢握紧，根部向下，将胚轴贴于拇指下部，用中指顶住按实；也可将苗根部向上，平放在中指上，用拇指压住子叶。右手用刀片自子叶下 1～1.5 厘米处，把茎下端削成长 7～10 毫米的楔形接口，直接插入砧木插孔中。插接时尽量使砧木与接穗的子叶呈"十"字形，插接后最好用夹子固定，可以提高成活率（图 2）。

顶插接时，可将砧木带根挖出，在工作台上嫁接，接后再重新栽植；也可在原地不移动砧木苗，在苗钵中就地嫁接。前者操作简便，适宜大批量作业，但嫁接后必须精细管理，否则成活率低。后者因砧木根系未损伤，成活率高，但较费工。

顶插时，砧木苗必须壮实，插孔不要过大，切勿损伤胚轴

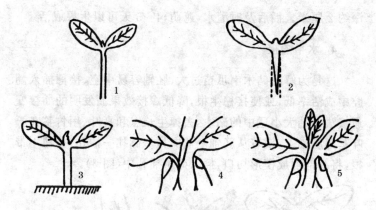

图 2 顶部插接示意图

1. 接穗　2. 接穗基部削成楔形　3. 砧木
4. 在砧木上插孔　5. 将接穗插入砧木中

表皮,使接穗插入后有一定压力。所用刀具必须锋利,使接穗切面平直,以利与砧木插孔紧密结合。顶插后,接穗较牢靠,一般不用另外固定。这样嫁接速度快,但对嫁接技术及管理条件要求严格,稍有干燥,接穗容易干枯死亡。

3. 去根嫁接扦插

用该法的砧木、接穗都去根,嫁接后扦插。只要注意防止萎蔫,任何地方都可进行,适于大批育苗。砧木比接穗早播1～2天,嫁接时接穗以刚现本叶,砧木的本叶较接穗的略大,胚轴较粗为宜。嫁接时,先将砧木从近地面处切断。为防止扎孔时裂口,过1～2小时,待其略呈萎蔫时将生长点去掉,随即用竹签在子叶基部近生长点处,垂直或斜着向下扎孔;再把接穗胚轴削成长0.7～1厘米的双面或单面孔,插入砧木孔中即可。嫁接时,要尽量不使接穗萎蔫,以便顺利插入砧木孔中。嫁接后,将其放在温暖、湿润处,待其从萎蔫中恢复后立即插栽,深约 2 厘米。插后及时灌水,遮荫,4～5 天可以生根成活。

4. 水平插接

这是为解决砧木南瓜苗过大、胚轴容易中空、接穗插入髓腔中成活率低,或使接穗生根,降低嫁接效果而发明的插接变通接法。选大小适中的砧木,去掉生长点和真叶,用竹签在子叶基部胚轴上,横着从胚轴一侧向另一侧扎一插孔。接穗不带根,将基部削成楔形切口,插入砧木插孔中(图 3)。

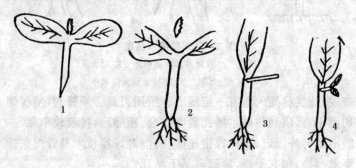

图 3　水平插接

1. 接穗切削　2. 砧木去生长点　3. 在砧木上插孔　4. 将接穗插入插孔中

(五)嫁接苗的管理

1. 随接随栽植

不论采用哪种嫁接方法,嫁接后都应迅速栽植。栽植后 1 次浇足稳苗水,然后覆土,厚 1 厘米。浇水时不要浇到接口上,以免影响成活。然后搭拱棚,棚高 50 厘米,上盖薄膜,必要时加盖草帘。

2. 温　度

嫁接后头 3 天,是愈伤组织形成期,也是嫁接苗成活的关键时期,此时接穗和砧木需要通过呼吸作用,形成大量的中间产物和能量来满足愈伤组织形成所需要的物质和能量。因此,此时要给予适当高的温度以促进呼吸作用的进行;同时,温度也不要太高,白天气温控制在 25℃～30℃,夜间 10℃～20℃,地温 20℃～28℃,加强遮光调温,密封保湿。温度过高时多遮光、不通风。嫁接后 4～6 天,为导管形成期,白天气温 22℃～28℃,夜间 18℃～20℃,地温 20℃～25℃;7～9 天时,白天 22℃～28℃,夜间 15℃～18℃,地温 20℃～22℃;10 天后白天气温 22℃～25℃,傍晚 16℃,早晨不低于 12℃,地温傍晚 20℃,早晨不低于 17℃。

3. 湿　度

刚嫁接后,7 天内空气相对湿度应达到 90%～100%;7～10 天时为 80%～90%;10 天后降至 70%左右。湿度过小,接穗萎蔫,严重影响成活。为保持湿度,特别是嫁接后 3～5 天内不宜通风。育苗畦上覆盖密闭的塑料薄膜,薄膜上应挂满水珠。忌向畦面大量灌水,否则土壤过湿,透气性差,容易引起沤根和病虫害。为此,栽植后可在畦面覆盖麦糠,再用喷水法,提高空气湿度,既可防止嫁接苗萎蔫,又可提高土壤通气性,使嫁接苗生长迅速而健壮。

4. 光　照

嫁接后头两三天,天晴时上午 9 时至下午 4 时在拱棚上盖草帘遮荫,防止阳光直射。3 天后晴天中午遮荫 1～3 小时,

5 天后逐渐撤除遮荫物,并加强通风炼苗。

砧木的发根和接穗生长的好坏与光线关系很大。育苗期间,将采光和换气巧妙结合起来,是培育壮苗的关键。遮光过度,特别是温度又高时,苗子徒长,软弱,容易腐烂。所以,遮荫不要过严,只要苗子不萎蔫即可。

断根嫁接扦插苗,砧木、接穗都无根,苗子易萎蔫。所以,嫁接苗栽植后要把苗床密闭,上面覆草,或纱布遮光,尽量抑制叶的水分蒸腾并保持适温。对于密闭的苗床,从第二天开始,早晚光弱时,可把遮光材料拉开些缝。从第三天起开始换气,以后逐渐减少遮光。

5. 摘除砧木侧芽

黑籽南瓜生长旺盛,残留的生长点组织上容易生出侧芽,形成新枝,影响接穗生长。所以,嫁接后每隔 2～3 天检查 1 次,发现后及时去掉。

6. 通风和追肥

嫁接后大致从第五天左右开始稍加通风,即从棚顶放风,千万不可从两边放扫地风,防止苗子受风害而闪苗。注意观察,若缺肥可用 0.2% 尿素,或 0.1% 磷酸二氢钾,或 0.5% 过磷酸钙,或 5% 黄瓜专用肥等喷洒叶面。

7. 断　根

靠接苗在嫁接后 10～13 天,可从接口下 0.5～1 厘米处,将接穗的茎与根彻底切断。若因嫁接技术不熟练等原因,嫁接面小,结合不牢固时,断根可分两次进行:第一次先削去茎直径的 2/3,隔 2～3 天后再去掉残留的 1/3。

断根最好在傍晚进行,以减少萎蔫。另外,如仅以耐低温为目的时,不一定要断根,可以将南瓜与黄瓜各自的根同时原封不动地进行定植。

断根后天晴高温时,应适当遮荫和喷水,防止萎蔫。

8. 撤　夹

撤夹不宜过早,否则接口易胀裂,移苗定植时易从接口处断裂。也不可过晚,防止接口处膨大后使夹子难以取下,影响植株生长。一般在定植后至搭架前去掉最为安全。

(六)嫁接苗的定植

嫁接育苗从播种到定植需 35～40 天。健壮秧苗的标准是 3 叶 1 心或 4 叶 1 心。叶子完整,大小适度,真叶平展,叶缘缺刻锐利,主脉粗而隆起,叶色深绿。整株轮廓近似正等边三角形。嫁接伤口愈合良好。根系发达,颜色白,根毛密生。定植时土坨要稍高于地面,使嫁接处不被土壤壅埋,防止黄瓜形成不定根,降低嫁接效果。

七、栽培技术

(一)日光温室的栽培

1. 对温室的基本要求

大棚日光温室黄瓜栽培,特别是越冬栽培时,必须选用保温条件好、采光量大、光热条件好的冬暖型大棚,即节能日光温室。这种棚室,在冬季最冷月份夜间最低气温应保持在10℃以上,10厘米深地温达12℃以上。当室外出现个别极端低温时,室内最低气温至少能维持在5℃以上。采光性能良好,冬至前后,晴天中午温室中部1米高处的水平光照度应为室外光照度的70%以上。如果室外出现异常低温,室内最低气温连续5天低于5℃,高于0℃,且每天持续时间达4小时以上时,温室内应有临时加温设施。

棚室方位应正南或略向西偏5°左右。棚室长(两山墙内侧的距离)约50米;跨度即后墙内侧至南墙内侧底脚之间的距离,北纬40°以北或冬季最低温度经常在-20℃以下的地区,以5.5~6米为宜;低于北纬40°或冬季气温较高的地区,以6~7米为好。中脊高2.6~3米;前屋面底脚高0.8~1米,角度(塑料薄膜棚面与地平面的夹角)50°~60°;后屋面水平投影长1.2~1.4米,仰角30°~50°。仰角最好比当地冬至太阳高度角大7°~8°,使后屋面在11月份至翌年2月份之间,中午前后接受到直射阳光。后屋面由房箔、草泥、柴草构成,厚度在北纬38°左右处0.4米左右,40°处约0.6米。后墙高1.5~1.8米,北纬35°左右,如江淮平原和华北平原南部,墙厚0.8~1米;北纬40°如华北平原北部,辽宁南部,墙厚以1~1.5米为宜。最好用空心粘土砖墙,中空12厘米,内填珍珠岩等阻热材料。墙外培土防寒。前屋面底脚外侧,挖防寒沟,深0.4~0.5米,宽0.4米,内填干草,上盖薄膜,再踩1层粘土,防止渗水。前屋面用厚0.1±0.02毫米的无滴聚氯乙烯透明膜,或同样厚度的多功能聚乙烯薄膜。为便于通风,可在膜上安装通风筒,或在屋脊处和肩部进行扒缝放风,夜间在薄膜上加盖草帘,必要时再在棚内设小拱棚、保温幕等进行内保温。为了防止雨雪淋湿草帘,帘上应覆防雨膜。为了充分利用反射光,可在室内后柱处东西向张挂反光幕。

2. 栽培季节安排

日光温室黄瓜生产,主要是弥补大棚秋延后黄瓜采收拔秧后及大棚春提前黄瓜盛瓜期前市场供应问题。因此,安排茬次时应立足当地,面向全国,掌握本地和外地黄瓜市场供需趋势,有计划地进行,保证增产增收。一般分为秋冬茬、越冬茬、冬春茬和夏秋茬4种。以黄瓜做主作时,首先考虑越冬茬;做副作时,可先安排春茬,再安排夏秋茬。

(1)秋冬茬 大致在8月下旬到9月上旬播种,9月中下旬定植,10月中下旬开始采收,翌年1月中旬至春节前后清园。这茬黄瓜种在热天,收在冬季,前热后冷,苗期高温,容易徒长、生病、雌花形成晚而少;开花结果期温度低,光照弱,茎叶茂密,化瓜多。因此,除选用抗热耐寒品种外,还要促进雌花的形成,加强管理,同时注意贮藏保鲜,尽量延长供应期。

(2)越冬茬 也有人叫冬春茬或深冬茬。一般在10月份播种,11月份定植,翌年1月份开始上市,6月上中旬清园。产量高,效益好,是目前主要的茬口,规模最大。这茬黄瓜苗期,特别是定植后结果前,温度低,发苗慢,并常有许多生理病害;结果后,温度也低,加之温室密闭,空气湿度大,叶部病害重,所以,必须精心管理,才能获得高产优质,实现高效益。

(3)冬春茬 一般在11月下旬到12月上旬育苗,翌年1月份定植,2月下旬至3月上旬开始采收,6~7月份结束。这茬黄瓜育苗期温度低,出苗困难,幼苗生长慢,要特别注意保温;定植后光照时间逐渐延长,温度日益提高,长势旺,产量高,较易管理,效益高。但多数菜区因供应期与塑料大棚、中棚等重叠较多,与露地黄瓜的供应期也有些重叠,所以,效益不太高,生产规模较小。

(4)夏秋茬 主要目的是缓解8～9月份秋淡季市场的供应问题,属温室栽培中主要茬次之间的过渡茬次。因栽培期间气候较适宜,生长快,但产量低,规模不大。

3. 越冬茬黄瓜栽培

越冬黄瓜栽培季节安排的基本原则是:在寒冷季节,室内最低气温不低于10℃的前提下,将其播种育苗期安排在秋季,以团棵状态的幼苗在秋末冬初定植,翌年元旦前后开始采收,春节期间大量上市,至5～6月份采收完毕。其间自浸种、催芽、播种、出苗至破心,第一片真叶出现,共需10天,积温约200℃;破心至第四片真叶展平,包括嫁接、移苗所需时日在内,共28天,积温470℃;甩条发棵期,即5叶展平至第一雌花坐果,约需29天,积温435℃;越冬黄瓜结果期从1月份至5～6月份,长达半年多,连同育苗期共约200多天,总需积温约4 400℃。

(1)品种选择 深冬黄瓜生长期光照弱、地温低,必须选择对低温、弱光忍耐力强,植株长势旺盛,又不易徒长;第一雌花着生节位低,节成性好,瓜条大小适中,外观、风味良好;抗病力尤其抗霜霉病力强,结实性好的品种。目前应用最普遍的品种是小脆宝、锦绿、小黄瓜-MK 171、欧宝、超市静丽、超市早脆、女神、京研迷你1号、2号或常丰清秀等。

(2)嫁接育苗 嫁接育苗是冬暖大棚黄瓜早熟、丰产、高效益的重要技术措施。嫁接苗抗病性强,可根除土传病害,防止死秧,而且根系强大,吸收力强,耐低温,地温降至8℃时,10天仍无严重伤害。嫁接时应选用耐寒、抗病,尤其对土传性病害抵抗力强,根系发达,与黄瓜亲和力强的南瓜,如黑籽南瓜、土佐系南瓜、南砧 1 号等做砧木。10 月上中旬播种,嫁接。舌形靠接或顶部插接均可。用纸钵或切块育苗,苗距 10 厘米。播种后约经 30～40 天,当其高 10～15 厘米、3～4 片真叶时定植。特别应该注意的是,黄瓜苗愈小,定植效果愈好。例如将刚嫁接的幼苗不栽到苗床而直接定植,甚至将砧木种子直接播种,到第一片真叶出现时就地嫁接,可使生育更加良好,产量显著提高。

(3)备 耕

①增施基肥 冬春茬黄瓜从定植到采收结束长达 8 个多月,生育期长,而且产量高。加之在低温下植株对肥料的吸收利用能力又低,因此,要高产优质,必须在定植前施足基肥。这是冬暖大棚土壤特点和黄瓜生育要求决定的。冬暖型大棚的土壤属积聚上升类型,棚室内无自然降水,人为浇水量小,无径流、淋溶等引起的养分损失现象;而且随着土壤水分的蒸发,盐分积聚在表层土壤中,特别是施肥量大、栽培时间又长时,表层土壤中盐分就越积越多。通常露地土壤总盐浓度为 0.3%,而设施内土壤溶液浓度多数高达 1%。过高的土壤溶液浓度会发生浓度障碍,引起"烧根",抑制氮的硝化过程,使氨和亚硝酸积累,并气化散逸到棚室空间,使作物中毒,导致减产和萎蔫。因此,棚室要多施腐熟有机肥做基肥,这样不仅能培肥地力,而且土壤疏松,微生物活动旺盛,室内二氧化碳浓度增高,有利于光合作用,并可有效地增加雌花数和分枝数,叶片数多,叶片衰老慢。而作物成熟期功能叶寿命每延长 1 天,产量可增加 2%。因此,增施有机肥对保证后期发育有重要作用,使后期正品瓜产量增加。据报道,每生产 1 000 千克商品瓜约需要氮 2.8～3.2 千克,磷 0.5～0.8 千克,钾 3～3.7 千克,钙 2.1～2.2 千克,镁 0.4～0.5 千克。一般平均单

株的吸收量为：氮4～6克，磷0.4～0.8克，钾5～6.6克，钙2.1～2.9克，镁0.6～0.7克。对养分的需要量是钾＞钙＞镁＞磷。氮、磷、钾三者的比例大致为2.5：1：4，以钾的吸收量最多，氮次之，磷最少。对氮、磷、钾等养分的吸收量，随着生育期的变化而异，大体与植株干重的增加一致。吸收量的60％供给果实。结瓜前期，从播种至抽蔓期末，这段生长期约占全生育期的1/3左右，但植株各器官增重慢，营养物质主要流向根、叶，同时供给抽蔓和花芽分化发育。氮、磷、钾的吸收量分别占总吸收量的2.4％、1.2％和1.5％。该期吸肥量不多，但对植株发育和花芽分化影响很大。进入结瓜期后，植株生长量显著加快，干物质和三要素的积累迅速增加，到结瓜盛期达到最大值。在结瓜盛期的20多天内，吸氮量占总氮量的50％，吸磷量占47％，吸钾量占48％左右。到结瓜后期，生长速度减慢，养分吸收减少，其中以氮钾减少最为明显，所以，黄瓜施肥以生长前期及中期特别重要。具体施肥量，因地因产量而异。按黄瓜高产的要求计，一个长50米，跨度约7米的温室，一般最少应施优质土杂肥5立方米，腐熟马粪4立方米，饼肥250千克，磷酸二铵50千克，黄瓜专用肥100千克，硫酸钾50千克。其中70％撒到地面，结合深耕，翻入地下，其余30％结合挖丰产沟施入沟内。肥料必须经高温沤制，充分腐熟后施用，否则极易引起地下害虫危害和烧根现象。普施肥后，每667平方米再喷入25％多菌灵1.5千克，50％辛硫磷乳油1.5千克，灭菌、杀虫，然后深耕。

②深翻整地，灌水蓄墒　冬茬黄瓜前期要求控制灌水，定植时防止大水浇灌降低地温，因此，底墒必须充足。耕地前最好先灌1次透水，地面见干时普施基肥后深翻20～30厘米，加深熟土层，提高土壤蓄水保肥功能，消灭病虫害。深翻最好

在温室建立前进行,旧温室翻耕后适当晾晒。翻耕后碎土,整平。另外,要挖丰产沟,这是壮秧丰产的一项关键措施。开沟时先从温室一头开始,每隔1.2米,南北向挖1条深、宽各40厘米的沟,挖沟时将表层熟土放置一侧,下层生土放另一侧。将肥料与熟土混匀,填入沟底,不足部分用行间熟土填满。丰产沟回填后,用大水顺沟漫灌,沉实沟底。

③扣膜增温　定植前20天扣好棚膜,提高地温,熟化土壤。

（4）定植　定植期要求白天气温25℃～28℃,地温20℃～25℃,夜间地温达到12℃以上。

定植宜选晴天上午进行。起苗要带好土坨,尽量少伤根。苗挖出后,选蹲实、叶片大而完整、无病、嫁接部接合紧密、愈合良好的苗定植。用南北向行,宽窄行方式栽植,宽行70～80厘米,窄行40～50厘米,株距25厘米。定植时先按行距开宽15厘米、深3～5厘米的浅沟,将苗放入沟内,然后培土,高10～15厘米,使成中间略低些的瓦沟形。培土起垄时注意不要把嫁接接口埋到土内,应使其离开地面2厘米以上,防止接穗接触土壤后产生自生根,引起病害,降低嫁接效果。

苗栽好后可先在窄行小沟内灌水。水要灌足,要将土坨及周围土壤全部渗湿,水渗后,覆盖地膜。也可先覆地膜,再在膜下灌水。但以前者较好。因为覆膜前明水灌溉,在灌水过程中,可以进一步检查修整畦面,使之更加平整,防止漏水。定植后的还苗水,一定要灌足,使之充分渗透土壤。因为这次灌水后,到翌年1月底,温度低,为防止降低地温,一般不再浇水。因此,如果定植期间天气好,土壤水分又不甚充足时,可以采用大小沟全部灌水的方式,借以稳苗并蓄墒。次日,苗略呈萎蔫时,用宽120厘米、厚0.015毫米的地膜,盖在两小垄上,按株开缝、破洞,把苗掏出,将膜拉紧展平,压贴到小垄外侧大沟下部,再用土将掏苗孔封严。覆地膜时,开孔要小,特别是孔偏向小沟的一侧,当膜展平后务使其洞沿紧紧贴近苗茎,防止地膜孔洞空架到沟上,覆土困难。另外,为防止地膜展平后下陷贴地、积水,盖膜前可先在窄行沟上用细竹竿插成弓形,再覆地膜,使屋面水滴流到地膜外边。地膜盖好后,应将膜上余土扫净,以便透光提温(图4)。

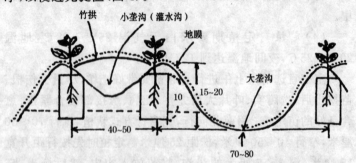

图4 越冬黄瓜栽培方式 (单位:厘米)

越冬茬黄瓜定植期,常因阴雨、低温而影响栽植。这时如果苗大,或节气已到不得不定植时,可用开沟、顺沟灌小水、蹲苗、培土,或开沟、蹲苗、稍覆土顺沟灌水、再培土成垄的办法,将苗栽入,过3~5天,待天气转晴,温度回升后,再灌足还苗水。还苗水宜早灌。

(5)管 理

①还苗发棵期 定植后至12月底,植株高约1.5米,根瓜采收前后为还苗发棵期。其管理原则是养好秧,为深冬拿产量奠定基础。

一是提高温室气温和地温。这一阶段气温由高逐渐降低,因此,刚定植后的管理重点是提高地温和气温。一般不通风,使白天温度达到 28℃～35℃,夜温控制在 13℃～15℃,不低于 10℃,以促进植株迅速发棵还苗。定植后约 1 周,当新根大量生出,新叶开始生长时,表示还苗期结束,开始进入发棵期。发棵期培育的目标是促进根系生育,达到壮苗。这一阶段温度管理的特点是偏低温,温差大,应实行变温管理。发棵期白天气温保持 25℃～28℃,超过 30℃时放顶风,22℃时闭风,午后气温降至 15℃时盖草帘,盖草帘后气温可回升 2℃～3℃。前半夜降至 11℃～12℃,早晨揭帘前降至 10℃,有时为 8℃。揭帘时间视天气而定,温室内温度在 10℃左右,太阳光直射前棚面时立即揭帘。若低于 8℃时要迟揭帘,连续阴雨天间断揭帘,骤然天晴光照过强时,不可突然揭帘,防止苗失水、萎蔫。通常,通风的办法除风口正常放风外,还可采取前期棚膜不一次性严密固定,而是随着气温的下降逐渐固定,让前期放风口大一些,有利于降温。晚上盖草苫后,通风口照常放风,利用草苫吸水降低室内夜间湿度,防止徒长,减少病害。10月下旬盖草苫,11 月下旬视天气情况开始使用防寒布和防寒裙。据观察,深冬季节若白天为晴天,室内温度都能达到 25℃以上,这种室温若能保持 4～5 小时,即使夜间温度降至 6℃,黄瓜也能正常生长和结瓜。若连续 4～5 个晴天,产量明显上升,且瓜条顺直。若连续六七天阴雨,即使进行室内加温,生长也较困难。

日光温室内的光照和温度分布不均匀。南部光照好,昼夜温差大,有利于植株营养积累,产量高;北部光照弱,昼夜温差小,夜间呼吸作用旺盛,植株消耗养分多,产量低。为了改善北部光照强度,可从定植后开始,在后柱南侧东西向垂直张挂一道高 2～2.5 米的镜面反光幕。反光幕是镀铝聚酯型薄膜。铝反光性强,但镀于聚酯上,在温室内潮湿环境中易脱落。反光幕的镀铝层外有1层塑料膜,可以保护铝层。用时,先按温室的长度和高度将反光幕剪裁好,再用透明胶布粘合固定为一体,然后沿东西向挂于后柱或后墙前。因反光幕增光提温效果明显,所以张挂后要注意多浇水,防止烤苗;张挂时间也不宜过长,春季3月份后即可撤除,以免强光高温引起伤害。

二是肥水管理上以控为主,控促结合。定植后气温尚高,放风量大,蒸发多。一般在浇足底墒水的同时,还要浇好定植水和还苗水。定植水在定植后立即进行,还苗水在定植后3～5天内进行。还苗后至根瓜膨大期要适当控水蹲苗,尽量不浇水或少浇水,且勿过度,否则易形成花打顶。11月份后,一般每10～15天,浇1次小水。12月份后,地温大幅度下降,放风、浇水基本停止。此时,若浇水过多,极易引起沤根及病害。

灌水应与施肥结合。黄瓜属于营养器官与产品器官同步发育型蔬菜。一般当其长出3～8片真叶时开始着生雌花,之后每片叶腋,或每隔1片或几片叶再着生雌花。茎叶生长与开花结果同时并进,生长快,结果早,结果多,产量高,需肥量大。但黄瓜根系分布浅,吸肥能力弱,又不能忍耐高浓度的土壤溶液,否则容易"烧根"。所以,对土壤养分的要求很高,既要数量充足,肥液浓度又不宜过高。因此,只有采取"轻施、勤施"的施肥方法,才能有效地协调营养生长与生殖生长的关系。首先,定植前施足基肥,尤其要多施有机肥。这样,除在其矿化过程中不断释放出速效性养分,供应作物外,还因增加了土壤中的有机胶体,提高了土壤养分的缓冲能力。可以将施入土壤中的阳离子,如铵等吸附到胶体周围,之后,当土壤溶液中阳离子浓度降低时再释放出来,供作物吸收利用。土壤中施入大量有机肥料后,土壤也疏松,微生物活动旺盛,释放出较多的二氧化碳,可以提高棚室内二氧化碳的浓度,有利于光合作用。基肥最好是一半在耕地时撒施,另一半在定植前施入定植沟内。施基肥时,应同时注意补充速效性化肥。一般是将磷肥用量的80%～100%与有机肥混合集中施入土中;钾也容易被土壤吸附,因此,也可做基肥使用。幼苗定植后根系吸收力弱,定植前每 667 平方米施硫酸铵 7～10 千克即可满足需要。其次,在黄瓜生育过程中要多次追肥,每次用肥量要小。在施足底肥的前提下,前期追肥 2～3 次即可:第一次追肥在还苗后进行,结合浇水每 667 平方米施腐熟人粪尿或腐熟饼肥,加过磷酸钙浸出液(1 千克肥料对水 10～15 千克浸沤 10 天,取其上清液)1 500 千克;或开沟施入尿素 5～7 千克,做提苗肥,施后灌水。根瓜膨大后,植株由以营养生长为中心,逐渐过渡到以生殖生长为中心,需进行第二次追肥。每 667 平方米地块随水冲施尿素,或磷酸二铵 15～20 千克,或每 667 平方米地块追施硝酸铵 30 千克。若基肥中未施钾,可随同尿素等冲施硫酸钾15～20 千克。如果土壤湿度大,光照差,地温低,植株生长不良,最好用叶面追肥的方法补充营养。叶面追肥常用的肥料是0.4%尿素,或 0.1%磷酸二氢钾,或 0.5%～1%过磷酸钙。另外,喷施宝、叶面宝等生长调节剂也有一定的作用。

三是吊蔓。定植后约 15 天,当瓜秧长到第七叶以上时开始拉绳,吊蔓。先在每行黄瓜上方,离棚膜 20 厘米处,南北向拉一道铁丝,拉紧固定。在每株黄瓜上方拴一根聚丙烯塑料绳,或细草绳、麻绳等,绳上端用死扣与铁丝相连。另一端用活扣拴在瓜秧茎基部,让瓜蔓绕线上爬,形成"S"形绑蔓。当温室南部的瓜蔓长到顶部,北部瓜蔓长到 1.7 米左右,操作不便时,及时从基部将吊绳解开,将蔓下落,回盘到地面,再重新绑好。吊蔓过程中,注意调整蔓尖的高度。植株生长过旺时,可将其生长点偏离吊线自然垂向下方,减弱顶端生长优势。反之,则使茎端垂直顺绳向上生长,使长势转旺,务使黄瓜秧茎尖生长点,从北向南依次降低成一斜线,最北端比最南端约高10厘米,达到受光均匀,互不遮荫,生长整齐。

用黑籽南瓜嫁接的黄瓜,瓜秧枝叶繁茂,易发侧枝,侧枝去留与否按空间大小而定。若空间大,可多留,长留;反之,少留或不留。一般的方法是,最好将植株基部5节以内的侧枝除去,5节后的侧枝结1条瓜,瓜后留2叶摘心。这样既可提高产量,对主茎也无甚大影响。

随着植株的生长,及时将雄花、卷须掐掉,并将化瓜、弯瓜、畸形瓜摘除,以节省养分。

现代温室生产中,还推行伞形整枝方法:沿植株栽培行的方向,离地面约2.5米高,水平安装一直径3毫米镀锌钢丝作为承吊线,以承吊一行植株。用聚乙烯或其他对植株无伤害的塑料制品作为吊绳。在植株基部打个松结,悬挂于承吊线上。顺时针方向缠绕,支持植株从地面向上直立生长。在植株生长至承吊线后,将吊绳打个松结,把植株系于承吊线上,以防植株下滑。

从茎基部至承吊线留主蔓。越过承吊线后,植株留1片叶,然后摘心。用绳子在该叶片下,将主蔓与承吊线系在一起,留两条侧蔓继续生长。在侧蔓越过承吊线后,牵引其向下生长,待侧蔓长至离地面1米时,摘除顶芽,留二级侧蔓继续生长。以此类推,其形状类似伞形。也可留用3条侧蔓,但在生产上很少使用。

对早熟品种,9~12节开始在主蔓上留果,一般主蔓上每节留1果。如果因光照弱,植株长势差,应减少主蔓留果量,以利于侧蔓生长。晚熟品种的主蔓可在第九节后留果。留双侧蔓前,主蔓上应摘除所有侧蔓和卷须。生长至要留侧蔓时,留

3个侧蔓备用。留侧蔓的节上不能留瓜,同时保留主生长点至两个生长枝条成型后再摘心。当第一侧蔓果实形成时,第二侧蔓已爬过承吊线下挂生长,这样即可形成一个旺盛整齐的植株造型。

要特别注意在植株生长的初始阶段,可用减少留果量来提高植株的营养生长势,特别是在低光照的条件下,过高的果实负荷会对植株生长起抑制作用,造成植株早衰,影响后期生长。

整枝时,首先要及时摘除下部侧蔓,特别是在近承吊线留侧蔓时,要及时摘除顶部以下第三节侧蔓,以保证所留侧蔓的生长势。其次在植株生长至一定程度时,可开始每周打去少量老叶,在叶片失色并显出衰老时,即可摘除。在早春光照较弱时,可适当摘除顶盖的叶片,以利于通风透光。在4~5月份夏季来临时,适当提高顶盖的叶片密度,保护幼嫩的生长点。

及时疏花疏果也非常重要。留果量过多时,因养分供应不够,会引起化瓜,同时果实畸形、变色现象增多,使果实商品性降低。因此,在早期就应确定适宜的着果数,摘除多余的幼果。

②深冬盛果期的管理 大约从1月初开始,根瓜大部收获,植株进入盛果期。这一阶段是黄瓜整个生育期中气温最低的时期,主要的管理工作是提温、保湿、增强光照、增施叶面肥和气肥,以保证瓜秧健壮生长,提高产量。该期黄瓜的产量仅占全生育期的30%左右,而产值却占到50%左右。要获得良好效果,应做好以下几项工作。

一是施肥灌水。越冬黄瓜第一雌花开花坐果期,温度低,植株生长慢。管理中应以保水保温,促根催瓜为目的,要求土壤湿度为70%左右。因前期土壤贮水较多,该期耗水少,故一般不需浇水,或开始只少量给水。根瓜采收后,结瓜增多,为维持植株营养生长与生殖生长的平衡,应每隔 10 天左右灌水 1 次,使土壤湿度达到 80％左右,促进植株生长。应注意的是,低温期灌水应选"冷尾暖头"天气,于晴天上午进行,最好用膜下喷灌法,水量要小。阴雨(雪)天及有寒流天气,应停止灌水。注意肥水结合。根瓜采收后,生长量激增,很快进入产量高峰期,每隔 10～15 天,每 667 平方米追施尿素 15～20 千克,或腐熟人粪尿 500 千克。磷、钾不足时,可随同氮肥施些硫酸钾和过磷酸钙。肥随水走。

二是温湿度的调节。越冬黄瓜整个生育期,应采用偏低温的管理,即在尽量延长白天黄瓜所需适宜温度(20℃～30℃)的持续时数基础上,将最高温度控制在 30℃以下,同时在 1 天之内,应尽量按"四段变温"的原则和指标进行温度管理,即揭帘至午后 14 时,保持 28℃±2℃;14 时至盖帘为 22℃±2℃;前半夜为 17℃±2℃;后半夜为 12℃±2℃。生育前期外温偏低,可按上述指标的下限进行管理,生育后期按上限进行管理。

空气相对湿度,晴天白天保持 65％以下,夜间 85％～90％;阴天白天 70％～85％,夜间 95％左右。

揭盖草帘的原则是:每天早晨日出后,室内气温在 10℃以上,室外温度在－10℃以上,有直射光照射到前屋面时就可揭帘。下午当室温降至 15℃时盖帘。夜间有寒潮时,适当提前盖帘。降雪并伴有大风时,暂不揭帘或晚揭帘,但应及时清扫屋面积雪。雪停后天气转晴,应及时揭帘照光。若连续几天未揭帘,又遇雪后骤晴,应隔扇揭帘,或实行"回头盖",即午前揭帘后,中午再暂时盖帘遮荫,防止植株过多失水,引起萎蔫。在正常情况下,下午盖帘时室温若能达到 15℃,次日早晨室温可维持在 8℃以上。如果温度过低,应检查是否有漏风透气现象。

严冬季节,一般不通风。当室内连续几天出现 30℃高温时可以放风,使室内最高温度一般不超过 32℃即可。

三是施用二氧化碳气肥。二氧化碳是作物进行光合作用的重要原料。1～2 月份气温低,温室很少通风,得不到外界二氧化碳的补充,影响光合作用的正常进行,宜行补施。补充二氧化碳的方法,除定植时施入大量有机肥外,可利用强酸和碱式盐反应产生二氧化碳。通常是用碳酸氢铵加硫酸:

$$2NH_4HCO_3 + H_2SO_4 \longrightarrow (NH_4)_2SO_4 + 2H_2O + 2CO_2\uparrow$$

用时,先把工业用浓硫酸装入非金属的玻璃桶或硬质塑料桶中,另取一硬塑料桶盛水,将浓硫酸与水按 1:3 的比例,慢慢倒入水中,边倒边搅动。然后在温室内每隔 10 米远,在距地面 1.2 米处,放一高约 80 厘米,上口直径 40 厘米的瓷缸或塑料缸。缸内装入 25% 的稀硫酸 3.5 千克(5 天用量),然后每天每平方米温室按用碳酸氢铵 5～7 克,每 667 平方米每天约3.48 千克计算,将碳酸氢铵分装入双层密封的塑料袋内,将口扎严,备用。早晨日出后,9～10 时,将备好的碳酸氢铵与石块连为一体,放入硫酸液中。放完后,从温室进出口相反一端起,用一带尖竹签,在每个碳酸氢铵袋上戳一小洞,直至放出气泡为止。这时,人员要迅速撤离温室,并将温室封严。此后,当向稀硫酸液中加入碳酸氢铵后无气泡放出时,表示硫酸已用完,需另换新稀硫酸。废液中含硫酸铵,可做肥料施入地内。分装碳酸氢铵应在温室外进行,防止氨气危害黄瓜。

利用生石灰(碳酸钙)加盐酸反应,也可生成二氧化碳:

$$CaCO_3 + 2HCl \longrightarrow CaCl_2 + CO_2\uparrow + H_2O$$

盐酸与水按 1:1 稀释,并将生石灰破碎后,放入盛盐酸的容器中。反应后的剩余物宜弃去。

施用二氧化碳气肥,必须在晴天上午日出后进行。施放后切勿通风,防止二氧化碳散逸到棚外。

四是整枝。易萌发侧枝的品种,将根瓜以下的侧枝摘除,适当保留根瓜以上的侧枝。侧枝于雌花前留 1~2 片叶摘心。

五是喷施叶面肥和激素。为避免因土壤灌水降低地温,应控制地面灌水追肥,最好采用叶面喷肥的办法。常用的肥料有:0.5%尿素或复合肥;0.3%尿素加 0.1%磷酸二氢钾;0.3%尿素加 0.2%硫酸钾;0.1%硼酸或 0.1%硫酸锌等。

如因光照不足、地温低等原因,使瓜条生长缓慢或弯曲,在植株营养良好的情况下,可施用赤霉素。其施用方法是:赤霉素原粉 1 克,放入 50 毫升 70%的酒精溶液中,溶解后加水至 33.31 升,盛于罐头瓶或水杯中,黄瓜雌花开放前后浸泡瓜条,能使之生长迅速,提早 2~3 天采收,提高产量 15%以上。若瓜条弯曲,可于谢花后将赤霉素涂于弯曲果内侧,1 天 1次,共 2~3 次,可使瓜条顺直。

六是适当去掉部分老叶,降低瓜秧高度。2 月中旬前后,植株基部部分叶片变黄老化,成为无效叶。为降低养分消耗,应及时去掉。一般每隔 7~10 天去 1 次,每次去掉 1~2 片。对已收完瓜的侧枝也要打掉。去老叶后应将瓜秧下落,把去掉老叶的茎蔓回盘到垄膜上,降低植株高度,为茎尖继续生长腾出空间,增加室内光照,提高温度。整个采收期,室内前部植株共落蔓 3~4 次,中部 2~3 次,后部 1~2 次。

七是及时去掉等外瓜。植株回盘后,在回盘处常生叶坐瓜。因下部光线弱,营养差,瓜条短而粗,或呈弯曲、大头、蜂腰等畸形,商品性差,俗称等外瓜,应及时摘除,以节省营养。

八是沟内铺盖麦秸。在垄外沟内及温室内南侧,紧靠棚膜处,铺盖 25 厘米厚的麦糠秸。麦糠秸腐烂后,在其上面再盖一层新麦秸。铺麦草能减少地面板结;麦秸腐烂分解过程中产生二氧化碳,可供光合作用之用;并可吸收室内空气中的水分,降低空气湿度,减少病害;白天能更多地吸收太阳热能,晚上释放出来,缓冲室内降温速度;减少土壤水分蒸发,防止土壤盐分上升。

九是人工授粉。黄瓜为雌雄同株虫媒异花授粉作物,不经授粉、受精可以结实,但其结果能力远不及充分授粉受精者生长良好。为此,可在每天上午9时至10时,取当日开的雄花除去花瓣,露出雄蕊,对准当日开的雌花柱头轻轻涂抹,每朵雄花可授2~3朵雌花。

十是适时采收。黄瓜以采收嫩瓜作为商品上市,一般雌花凋谢后8~10天左右,达到商品要求后要立即采收,特别是头1~2条瓜要早采。因为着瓜前期,叶面积较小,植株生长缓慢,根瓜生长发育,常与根、茎、叶争夺养分。如采收偏晚,会严重妨碍整个植株的生长。即便到了黄瓜生长中期,茎叶生长旺盛,瓜条生育快,也要适时采收。这样不仅可以增进品质,而且可提高植株的长势,增加产量。因为果实在发育过程中,先是果皮的增厚,然后受精的胚珠逐渐发育成种子,先形成种皮,之后胚才充实。果实应在种皮开始形成时采收,这时果皮软,心室小,种子小,脆嫩可口,品质佳。所以,勤摘瓜,结瓜多,瓜条大,采收期长,产量高。据试验,冬季温室黄瓜每天采摘一次的,比隔日采摘一次的瓜条多21.4%,总产量提高9%以上;每天采一次比隔3天采一次的瓜条数多42.3%,总产量提高11.8%。

③2月份以后的管理　2月份以后天气转暖,日照时数和光照强度增加,条件适宜,黄瓜进入盛果期。这时,要以温、光、水、肥管理为中心,并控制病虫危害,是夺取高产的关键。

一是追肥。2月份后,外界气温逐渐增高,白天室温可保持在25℃～30℃,最高不超过32℃,夜温15℃～17℃。如遇连续阴雨天,应把夜温降至13℃～15℃。

此时,植株生长旺盛,结瓜多,应加足肥水。大致每7天浇1次,每次每667平方米追施硝酸铵30千克,过磷酸钙50千克;或磷酸二铵20千克,硫酸钾50千克;或黄瓜专用肥30千克。有的用腐熟饼肥水追肥,效果更好。化肥用量应根据土壤状况掌握,切勿过多(表3)。

表3　各种化肥不同土壤一次最大施用量　(千克/667平方米)

肥料种类	沙　土	砂　壤	壤　土	粘　壤
硫酸铵	18～24	18～36	24～48	24～48
尿　素	6～10	10～18	12～24	12～24
复合肥	18～30	24～6	36～40	36～50
过磷酸钙	24	36	48	48
硫酸钾	3～9	6～12	9～18	9～18

追肥以硝态氮多而氨态氮少的品种较好。碳酸氢铵和尿素等氨态氮和酰氨态氮宜深施。氨态氮的施用量不要超过氮肥的1/4～1/3。土壤中和有机肥料中所含的钾基本能满足黄瓜的需要,但为了促进植株体内物质的运输和产量的形成,可少量追施钾肥或叶面喷施磷酸二氢钾。但磷酸二氢钾要纯正,杂质过多对叶片有危害。氯化钾中的氯易使叶片老化变脆,应慎用或最好不用。浇水不及时或土壤溶液浓度过大时,会影响钙的吸收,发生生理缺钙,除及时浇水外,可用0.4%氯化钙喷洒植株。叶面喷肥与根部追肥交替进行,并与喷药防病相结合。在药肥中加入1%食醋,可减少高温下氨的危害,提高肥料利用率。追肥应在膜下暗沟内进行,不可破膜施用。

二是浇水。一般晴天多浇，阴天少浇或不浇；瓜秧长势旺少浇，反之则多浇。大致使土壤含水量经常保持在85％以上，浇水后地温不低于15℃。浇水宜在上午7～9时进行，如遇采瓜，则宜在采瓜前浇水。

三是更新根系，防止早衰。4月底以后，易出现根株衰老，瓜条呈畸形的现象。可在行间开沟，深20厘米，施肥，并切断部分根系，增加土壤通透性，促进新根生长。开沟要隔行进行，半月1次。开沟后施入腐熟有机肥，并灌水、盖草。7～8天后新根形成，半月后植株开始转旺，瓜条明显增多。

四是加强管理，结好回头瓜。5月份后，应增加通风量，逐渐达到昼夜通风，减少内外温差。同时进行瓜秧回盘，促进基部新芽形成雌花，结好回头瓜。追肥以钾肥为主，磷肥为辅，少追氮肥。对难形成回头瓜的品种，可摘心促芽，形成杈子瓜。

6月份以后，露地黄瓜已大量上市，温室黄瓜失去市场竞争力，应及时拔秧清园，搞好室内消毒。

4. 秋冬茬黄瓜栽培

日光温室秋冬茬黄瓜指8～9月份播种，9月中下旬定植，10月份开始采收，翌年1月底至2月份深冬茬黄瓜大量上市时拉秧的黄瓜。这茬黄瓜主要是接大棚秋延后黄瓜。秋延黄瓜10月底基本结束，温室秋冬黄瓜正好上市，所以，它属于反季节栽培。栽培过程中外界温度由高到低，与黄瓜开花结实要求较高温度的习性恰恰相反。因此，栽培中生长前期要充分利用秋季适宜的温光条件，开始采收后要克服低温、短日照的不利条件，提高产量，并设法延长供应期，努力提高经济效益。

(1)品种选择　要选用耐热、耐寒性强；生长势旺，较抗霜霉病、炭疽病等病害;主蔓或主、侧蔓都能结瓜,结瓜多,产量高,特别是中后期产量高而且较耐贮藏的品种。如锦绿、梦幻巴黎、戴多星、翠绿 1 号、欧宝、京乐 5 号、翡翠、2013、龙绿之春、常丰清秀或闵 C-09 等。

(2)播种育苗　直播或育苗均可,最好用黑籽南瓜做砧木进行嫁接育苗,可有效地增强长势,提高产量。

播种期要根据当地气候和供应期确定,要把结瓜盛期安排到当地塑料大棚秋瓜盛采期之后。东北北部及内蒙古地区,在 8 月上中旬播种;东北南部,华北及西北地区在 8 月中下旬播种。根据经验,河北中南部、山东西部适宜播期为 8 月 15 日到 9 月 1 日。陕西关中地区、河南中部在 8 月中下旬,最晚应在 9 月上旬播种。过早,产量高,单价低,植株容易徒长早衰;过晚,苗弱小,冬前产量上不去,效益差。

(3)种子要精选,并消毒　直播时,宜用暗水贴芽法种植:按行距开沟,顺沟灌水,水渗后在沟侧水印下约 3 厘米处,按株距贴播 2～3 粒种子,覆粪土,厚 2 厘米,出苗后 1～2 片真叶时每穴留 1 株,其余从子叶下掐除。也可将种子催芽后贴播,这样出苗更快。

育苗时,最好用营养钵或营养土块育苗。平畦,畦宽 1.3 米。用没有种过瓜类蔬菜的大田壤土与腐熟过筛的有机肥,按 7∶3～5 的比例混合。若肥力不足,可加入尿素和磷酸二氢钾,一般每立方米营养土加尿素 500 克、磷酸二氢钾 300 克左右,充分混匀。临近播种前,要在畦内浇足底水。充足的底水,不仅可以保证出苗期间的水分供应,还可降低地温,保证正常出苗。为防止出苗后幼芽受到强光高温、雨水冲淋、晚上结露等危害,播种后在畦上搭拱棚,高约 1 米,上覆遮阳网、草帘或旧薄膜,遮成花荫。白天将薄膜揭除,使幼苗多见光,晚上和雨天再盖上。一旦幼苗遇雨,雨后必须喷药,以防止霜霉病、炭疽病等。秋冬黄瓜生长快,容易徒长,要适当控制灌水,并加强通风,但不可过分缺水,防止老化。如有可能,可于幼苗第一片真叶展开时分苗 1 次,或用小铲将其铲起再放到原地,然后浇些水,这样可以断根,能促进新根发生。另外,秋冬黄瓜苗期基本处于高夜温长日照条件下,雌花出现晚,节位高。为使雌花早出现,可于 2 片真叶期用 100×10^{-6} 乙烯利喷 1 次。约隔 1 周,到 4 片真叶时再喷 1 次。乙烯利的浓度不宜过大,否则虽可早显,多显雌花,但发棵慢,有时植株矮小,连续出现空节,即 1 节上既无雌花,也无雄花。应注意,雌性型黄瓜,雌花出现早而多,不宜喷乙烯利,以利于植株健壮生长,为丰产搭好架子。

苗龄约 20 天,2 叶 1 心或 3 叶 1 心时可定植。

(4)整地定植　前作收获后及时拔秧清园。每 667 平方米施腐熟厩肥 5 000 千克,过磷酸钙 100 千克,碳酸氢铵 50 千克,取其 2/3 撒施地面,翻耕,埋入深土层中,耙平做畦。剩余 1/3,要在定植时集中施入定植沟中。地整好后,如果棚室密闭,最好在定植前 10 天,每 667 平方米用硫黄粉 1～1.5 千克、80%敌敌畏 400～600 克、锯木屑 3 千克混匀,分 5～6 处放瓦片上点燃,或用 52%百菌清烟雾剂 200～250 克点燃,熏烟消毒。

秋冬黄瓜生长前期,温、光条件适宜,植株生长健旺;后期温度低,光照差,种植过密,相互遮荫,叶片容易发黄,早衰,所以,种植密度要小。最好用宽窄行,宽行 80 厘米左右,窄行 50 厘米,或单行,行距 70～80 厘米,株距 28～32 厘米,每 667 平方米约 3 500 株。定植方法是:开沟,栽苗,灌水,再培土,然后盖地膜。定植时,割坨要大,尽量多带宿土,并要严格选苗分级。大苗尽量栽到温室前部或两头,小苗栽到中部。

(5)管理　秋冬黄瓜的管理应本着"前期养好秧,后期拿产量"的目标,努力做到养秧保秧与高产结合,提高产量与增加产值结合,扩大经济效益。定植还苗期,气温高,晴天中午盖草帘遮荫,以防萎蔫。还苗期天气过热时,还需在上午10时前及下午3时后喷水,以减少萎蔫,促进还苗。还苗后已进入10月初,气温开始下降,10月上中旬当日平均气温降到16℃～18℃时上膜。上膜宜早,防止受寒。刚上膜后,室温高,湿度大,为防止徒长、发病,应大通风。一般晴天白天保持25℃～30℃,晚上13℃～15℃;阴天白天20℃～22℃,晚上10℃～13℃,日夜温差保持10℃。中午气温不宜超过32℃,下午温度降至20℃时关闭通风口,上半夜温度不超过16℃,下半夜12℃左右。随着气温的下降,逐渐减少通风量。10月下旬,开始出现霜冻,室内最低气温降至12℃～13℃时,晚上加盖草苫。11月上旬立冬后是秋冬黄瓜盛产期,但气温下降很快,日照时间短,光照弱,瓜秧生长慢,蔓弱,抗性差,容易生病。为增强长势,要延长光照时间,并加强防寒,草苫早揭晚盖。12月份至翌年1月份,天气最冷,要加强保温。晴天中午室温一般可达到25℃～30℃,夜间最低气温即使达10℃～12℃,仍可正常结瓜。

秋冬黄瓜生长前期,天气热,地温高,蒸发量大,要及时灌水,促进生长,防止缺水形成老化苗。定植后4～7天浇1次还苗水。水要浇足,一定要把瓜畦垄渗透。合墒时,将大行锄松,控水蹲苗。根瓜坐住后开始追肥灌水,每667平方米冲施磷酸二铵15～20千克,或施后灌水,水量要大,灌后排湿。以后,每隔1周灌1水,10天追肥1次。11月下旬后节制肥水,地面保持见干见湿。浇水过多,根系吸收力弱,遇连阴天易沤根。为弥补后期地温低,根系吸收力弱的问题,每周用0.2%磷酸二氢钾,或叶肥 2 号,叶面宝或糖、醋、尿素各 0.5 千克,加水 100 升,或 0.4％尿素溶液向叶面喷施 1 次。

瓜秧长到 6～7 片叶开始甩蔓时设支架,或用尼龙绳吊蔓,防止倒伏。结合绑(缠)蔓,打掉卷须、雄花、畸形花(果)及黄叶、病叶、老叶。对侧枝的处理,应根据品种结果习性、栽植密度和植株长势等而定:以主蔓结瓜为主者,可将侧枝尽早摘除,若还有发展空间,10 片叶以下的侧枝全部摘除,中部以上的侧枝于瓜前留 1～2 片叶摘心。

(6)采收　秋冬黄瓜播种后 50 天开始采收。10 月下旬收根瓜,11 月份以前,可重摘,按留瓜收瓜的要求勤收,防止坐瓜过多,发生坠秧。12 月份后,温度低,瓜生长慢,要轻摘,尽量延迟采收。翌年 1 月份后,大部分瓜秧已经衰老,可将一些周正顺直的瓜,留在蔓上,挂秧贮藏,等市场价格回升后集中采收上市。

5. 冬春茬黄瓜栽培

日光温室冬春茬黄瓜是指冬季育苗,早春开始采收,春末夏初结束,以解决北方春季塑料中棚、大棚早黄瓜上市前市场供应的问题。冬春黄瓜育苗期正值低温短日照季节,尤其在日光温室中育苗时,一旦遇到连续阴雪天气,温度低,出苗困难。即使出苗,也常有沤根现象。只要把苗育好,定植后日照逐渐加长,气温升高,植株生长健旺,可以获得较好的效果。

(1)品种选择　冬春黄瓜苗期在冬季,结果期在春季,所以应选择耐低温、耐弱光性强、雌花节位低、连续坐瓜性强、成瓜速度快、侧枝少、前期产量高的品种。如翠玉迷你、闵 C-09、翠绿、津优 6 号、津美 1 号、北京农乐 1 号、锦绿或戴多星等。

(2)育苗　播种期的早晚,主要根据前作物收获的早晚,温室性能和当地气候条件所允许的最早定植日期等而定。可以采用自根苗,但最好用嫁接苗。苗龄要大,可以达到 3～4 片真叶,甚至 5 片真叶。一般可于 11 月中下旬到翌年 1 月上中旬播种育苗,苗龄 40～60 天。

苗床应设在温室中部,这里光照条件好,温度高而且变化小。苗床周围用塑料薄膜围住,将苗床与生产田隔开,形成一个育苗小室。内做苗床,苗床下最好铺设地热线,以备温度不足时进行补充加温;也可用架床育苗,即在温室内南北向做架床式育苗盘,盘底铺塑料薄膜,薄膜上垫草,盘上搭小拱棚。架床常供育籽苗用,籽苗育成后再行分苗。架床苗盘保温性差,连阴天气温低,育苗效果差。

宜用塑料钵或纸筒育苗,苗钵要大,直径应达 8～10 厘米。营养土要肥沃、疏松,园土与腐熟厩肥按 6：4 比例混合,每立方米混合土中再加腐熟鸡粪 10～15 千克,过磷酸钙 1 千克,草木灰 10 千克。黄瓜对氯离子敏感,不宜用氯化钾做钾肥。种子要经烫种消毒后再催芽播种。播种后苗床上可加设小拱棚,上盖草苫保温。黄瓜根系伸长的适宜温度为 32℃,根毛发生的适宜温度为 30℃～32℃。根毛是吸收水分和养分的器官,温度低于 12℃～14℃时就无根毛了。因此,育苗时苗床5～10 厘米深处地温应达到 30℃左右,但在冬季这是很困难的,即使达到了,根系生长虽快,但容易衰老。所以,育苗时一般都将地温维持在 20℃～25℃。为此,可用地热线等补充加温。床土无特殊提温措施时,也可用提高气温间接影响地温的方法增加地温。大致气温增高 2℃～4℃,可使 10 厘米的地温提高 1℃。

苗床要多见光。

苗期不能缺水,"控温不控水"。低湿、低温中,苗极弱。但灌水量要小,否则水多,地阴湿,地温低,通气性又差,容易引起沤根。为防止灌水使地温突然降低,可把水盛于缸中,放在温室中预热后再用。

(3)定植　冬春黄瓜结瓜期日照加长,温度逐渐提高,生长快,需肥、水量大。因此,地要早耕深耕,重施基肥。为提高早期产量,种植密度要大。一般采用宽窄行,宽行宽 80 厘米,窄行 50 厘米,株距 20 厘米,每 667 平方米约植 5000 株。据天津经验,定植前一周铺地膜,覆膜前,深施基肥,以粪肥为主,每 667 平方米施 6 立方米。用条式施肥法,在种植行间挖一条深 20～30 厘米的沟,将腐熟粪肥与 4～5 厘米长稻草段或秸秆按 1:2 的比例充分混合后施入沟中,然后覆膜。这样通过粪肥与稻草的不断反应,释放热能,提高土温,产生二氧化碳,提高光合作用。用双行错位定植,每 667 平方米定植 2100～2300 株。地整平后按行距开浅沟,按株距摆苗,点浇稳苗水,洇湿土坨及其周围土壤,水不宜太多,以免降低地温。水渗后培土成垄,这样水少,地虚,土温高,容易生根还苗。过 5～7 天,待新根发生后再引水灌溉 1 次,水量以充分渗透垄背为准,促进还苗。灌水后,立即整修垄面,低洼处用土填平,使以后灌水时不致破畦串流,然后盖地膜。这样水量充足,根瓜采收前不用再灌。

冬春黄瓜也可采用主副行或主副株相间种植法。前者是在黄瓜主行之间再增植 1 行黄瓜称为副行;后者是在主行内植株之间再增植 1 株谓之副株,当副行或副株长到 10～12 片叶时打顶,每株留两条瓜。当副行或副株影响主行或主株生长时,逐步拔除之,这样产量可增产 20%～30%。因前期产量高,产值也大。

定植时要带好土坨。苗子要分级,大苗栽到温室两侧及南部,小苗栽到温室中部。

定植期要早,陕西省关中地区、河南省中部,一般以1月下旬到2月下旬最好,河北省中、南部以2月上旬较好。早栽才能早开花,早收获。但须注意地温,只有当10厘米深处最低温度达到12℃,每天高于15℃的温度超过6小时时才能定植,否则不发新根,生长受抑制,甚至发生沤根死苗现象。定植宜择晴天上午进行,定植后搭小拱棚覆盖保温。

(4)管理 还苗期紧闭风口,草苫早揭早盖,加强光照,提高温度。一般当有4～5个晴天,7天即可还苗。还苗后如缺水,可选连续晴天期顺沟浇一水。还苗后为保根壮苗,应早中耕松土,增加土壤通气性,提高地温。室温白天保持25℃～30℃,晚上最低10℃,不超过13℃。植株倒秧甩蔓时插支架,或用塑料绳吊蔓。摘除根瓜以下侧蔓。植株高1.5米时,开始留50厘米以上出现的侧蔓,侧蔓上留1瓜,瓜前留2叶摘心。微型黄瓜生长势强,需每隔3天缠蔓1次,并摘除卷须。生长中后期,及时摘掉下部老、黄叶片,亦适当分次落秧、盘蔓,以利于通风透光。蔓高1.5米,30～35片叶,将近棚顶时摘心,控制生长,促进多生回头瓜。自根瓜采收起,直到第二条瓜长15厘米左右,为结瓜前期。瓜与瓜秧同时生长,以长秧为主,晴天白天温度可升高至30℃～32℃,阴天和晚上要低,防止旺长化瓜。植株渐长后,要增加灌水次数,每6～7天灌1次,并开沟施腐熟饼粕150千克;第二瓜采收后,进入结瓜盛期,茎叶生长缓慢,瓜条生长加快,为保秧促瓜,肥水要充足,尤其3月中旬后,温度和光照条件适宜,若二氧化碳充足,晴天温度最高可维持32℃～35℃,夜间草苫隔一盖一,至逐步不盖,加大昼夜温差。4月份为盛瓜期,5～7天灌1次水,每次灌水,顺水冲施追肥1次,氮、磷、钾配合。追肥宜用速效肥,如磷酸二氢钾,磷酸二铵等,切勿用碳酸氢铵,否则挥发出氨气,极易熏苗。尿素也要慎用,切勿过多。并结合喷药,进行根外追肥。灌水宜于采收前 1~2 天,晴天上午进行,灌后封棚提温,下午2 时左右通风排湿。4 月下旬后气温已经升高,可开始大通风,缺墒时下午也可灌水。盛瓜期室温一般晴天白天上午 27℃~32℃,不超过 35℃;下午 23℃~25℃,夜间 16℃~18℃。这种温度中,瓜秧生长中庸,产量稳,瓜秧寿命长。另一种叫高温高湿管理法,在高肥水条件下,白天最高温度控制在 35℃~38℃,夜间 18℃~21℃。这样,瓜条生长快,产量集中,但瓜胎少,产量忽高忽低,植株易早衰,总产量偏低。结瓜后期,植株已衰老,要大通风,停止追肥,减少灌水,促使茎叶中的养分回流到果实中。瓜长 15 厘米时,用剪刀留 0.5 厘米果蒂剪收,一般 667 平方米产 5 000~6 000 千克。

(二)越夏栽培

在夏季不太热的地区,如河北张家口地区,3 月上旬育苗,4 月中旬定植,5 月中下旬开始采收,11 月中旬拉秧,一年一大茬,每 667 平方米产 18 000 千克。

目前种植面积较大的是戴多星。以黑籽南瓜为砧木,戴多星为接穗,进行嫁接育苗。当幼苗有 4 叶 1 心时定植。

结合整地,每 667 平方米施有机肥 6 500 千克,过磷酸钙40 千克,碳酸氢铵 30 千克,深翻整平起高垄。垄高 15 厘米,宽 80 厘米,垄沟宽 40 厘米,然后铺地膜。错位打孔,浇水后定植,株距 30 厘米,每 667 平方米栽 3 600 株左右。

定植后浇 1 次缓苗水,前期气温低,不旱不浇水,显旱时小水浇灌。当第一瓜坐住后,结合浇水,每 667 平方米追施尿素 15 千克。进入结果盛期后,每 4~5 天浇 1 次水,每浇 2 次水追肥 1 次,每 667 平方米施尿素 15 千克,或人粪尿 500 千克,同时叶面喷 0.3%磷酸二氢钾和 1%尿素混合液。

戴多星分枝力强,主蔓每节都有侧蔓,侧蔓都能结瓜,要及时整枝、疏瓜、摘心。5 节以下的侧枝全部去掉,5 节以上的侧蔓留 3 叶摘心,并及时绑蔓。绑蔓采用曲蔓绑法,降低植株高度,抑制徒长。绑蔓的同时,摘除卷须和病、老叶。植株高 2 米左右时,去掉下部老叶,进行落蔓。落蔓要在晴天下午进行。落蔓后喷 50%多菌灵 600 倍液防病。

6 月中旬,外界平均气温较高,及时除去棚膜。去掉棚膜前,逐渐加大放风口,避免植株不适应外界环境而造成伤害。去掉棚膜后,将棚前棚后的瓜架重新搭高,以利于黄瓜生长。

10 月上旬,当外界平均气温低于 15℃时扣棚膜,扣棚前 1~2 天去掉主蔓生长点。扣棚后提高棚温、地温,加强肥水管理,促进结回头瓜,同时也促进茎部侧芽萌发,选一健壮侧蔓做主干,去掉其原主蔓和其他侧蔓。

瓜长 10~12 厘米,直径 2~3 厘米时采收。

(三)早春大、中棚栽培

大棚热容量大,温度效应好,大棚黄瓜一般比露地提早 40 天左右,每 667 平方米产量可达 10 000 千克以上,经济效益显著,适宜早春栽培。

1. 大、中棚的主要结构

目前生产上应用较普遍的为竹木简易大棚。跨度 6 米和 8 米,脊高 2.2~3 米,长 30~60 米。拱杆由径粗 1.5 厘米的竹竿,对接绑扎而成。棚两端各设 3 道立柱。立柱用径粗 10 厘米的木椽,或水泥柱构成。主柱埋入地下 20 厘米,两端立柱顶端用钢绞线拉紧构成纵拉梁。为防两端立柱由于纵向受力而倾斜,在两端立柱外侧各斜拉地锚 1 个。拱杆粗头插在大棚两侧,将细头用塑料绳绑接,固定在 3 道纵拉梁上。拱杆每 30～40 厘米 1 道。拱杆的肩部和顶部,要平整一致,使骨架成为一整体。大棚用的塑料薄膜应是防老化聚乙烯薄膜,厚度应在0.08 毫米以上;采用无滴防老化薄膜效果更好。现在,在拱架上覆盖一层塑料薄膜的基础上,还在棚内利用塑料薄膜、不织布等材料进行双层或 3 层等多层覆盖,或在寒冷期在棚内短期临时加温,大大延长了黄瓜的栽培季节,单位面积产量显著提高。薄膜使用寿命长,一般可用 2～3 年。

中棚一般宽 2.5～2.8 米,高 1.5 米左右,用 4 米宽塑料薄膜覆盖。用粗 1～2 厘米,长 2.5 米左右的细竹竿,相对插入土中,细端接在一起,用废旧电工胶布或塑料带缠紧,中间纵向联结一根拉杆,下边距地面 50 厘米处,一边绑一根纵向拉杆,连接拱杆,加固棚体。如在棚中间,纵向拉杆用钢绞线,则棚体更牢固。

2. 大棚栽培技术

适宜大棚生产的黄瓜品种,应是耐低温、耐弱光的早熟品种,如锦绿、金伯利、萨瑞格、戴多星、翠绿一号、微星、欧宝、超市靓丽、女神、京研迷你 1 号和 2 号、中农 15 号和 19 号或2013 等,一般在 1 月底到 2 月初在温室育苗,苗龄 45～50天。

大棚黄瓜生长期长,生长发育旺盛,需肥量大,要重施底肥。冬前结合深翻,每 667 平方米施腐熟厩肥 10 000 千克外,还要泼稀粪 1 000 千克,立茬过冬。开春后,立即耙耱保墒,做畦,畦宽 1.2 米,畦埂两边开深 15～20 厘米的沟;提前晾晒田土。定植时顺沟再施腐熟油渣 250 千克,或复合肥 20 千克。定植前 15 天扣棚升温。

棚内地温稳定在 10℃～12℃时定植。陕西关中地区以 3 月中旬定植为好。若在大棚中再扣小棚,可提前到 3 月上旬定植。定植前 3～5 天,先在畦内开沟,每畦两行,晒土提温。定植时先给沟内灌水,随水下渗,坐水稳苗。每 667 平方米栽 4 000～4 500 苗,行距 60 厘米,株距 20～25 厘米。定植深度以苗坨与地面相齐为宜。定植后立即给苗坨周围培土。

瓜苗定植后,要中耕松土 2～3 次,提高土温,促进根系发育。通过中耕,给瓜沟培土,并清除杂草。

苗高 15 厘米时,插"人"字架或花架。架要牢固、结实,以防后期倒架。也可采用绑扎带或废旧尼龙绳吊蔓的方式,诱引瓜蔓。方法是在瓜秧上方,横拉一道 18 号铁丝,尽量拉高点,然后在铁丝上吊一根聚丙烯绑扎带,其下端系在瓜秧的根部,然后将瓜秧向右旋绕在吊带上。

要及时灌水。灌水时应注意:阴天或雨天不灌水,灌水后湿度太大,容易引起徒长和病害发生;沙土地保水能力差,要勤灌水,以 5～6 天 1 次为宜;黄土地保水性能好,要适当延长灌水时间;灌水时间以清晨为好。下午灌水,夜晚棚内湿度大,叶片结露,易引起霜霉病。灌水在摘瓜前进行,空秧灌水容易引起徒长。要小水灌,不要大水漫灌,否则易导致根系窒息死亡。从植株上看,如果瓜秧龙头紧缩,卷须不伸展,叶色浓绿,瓜条畸形无光泽,说明缺水,要及时补给水分。

为保证秧壮瓜多,延长结果期,从定植到根瓜收获前,灌稀粪 1～2 次。结瓜盛期,7～10 天施 1 次化肥或稀粪,每次化肥 10 千克左右,稀粪 500 千克,稀粪和化肥交替施用。

定植后到还苗前,一般不通风,让高温促进还苗。白天温度超过 35℃时,可以通风。还苗后到开始结瓜前,瓜苗重新恢复生长,要适当降低棚温,白天维持 30℃～35℃。通风大小依天气情况而定,晴天上午 10 时左右,当棚温上升到 25℃时立即通风,先从侧面通小风。下午当棚内温度降至 25℃时收风。陕西关中地区进入 5 月份后,晚上可以不收底风,5 月下旬至 6 月上旬可揭去薄膜。为了防风、防雨,也可仅留棚顶薄膜,揭去四周薄膜。

黄瓜是食用幼嫩的果实,如管理适宜,开花后 8～12 天内即可采收供食。果实应该在开花后的 10～15 天内,花尚未全退掉时收获,食用价值较大。

3. 中棚栽培技术

中棚黄瓜的栽培,播期应比大棚迟 7～10 天,以 2 月中旬为宜。因中棚棚体小,热容量不大,地温回升慢,夜间放热快,所以,定植期不宜过早,陕西关中地区以 3 月底至 4 月初为宜。如果要抢早定植,夜间要在棚两侧加靠草帘,或中棚内套小棚。

品种及其他田间管理,参照大棚栽培技术。

(四)春季塑料小拱棚及地膜栽培

1. 塑料小拱棚栽培

小拱棚通常指一畦一拱的覆盖方式。宽约 1.3 米,高 0.5 米,覆盖用 2 米宽幅塑料薄膜。用 1 厘米粗的细竹竿交错对插而成,也可用 6 号钢筋截成 2 米左右长做拱杆,易插、易取、好保管,还可长期使用。小拱棚栽培在城市远郊,条件较差的新菜区占一定的面积。在正常管理条件下,可比露地提早上市

10～15 天。

塑料小拱棚栽培,深翻施肥方法同大棚栽培。小棚栽培多为平畦,畦宽 1.3 米,棚杆在定植时随栽随插。

2 月上中旬育苗。

定植前 3～5 天,先在畦内开沟,每畦两行,晒土提温。定植时期以棚内地温稳定在 10℃以上时,提早定植。定植采用坐水稳苗,每 667 平方米栽 4 000～4 500 苗,定植完毕后立即插竹竿,弯成小拱棚,随后立即覆盖薄膜,压实四周。

定植至还苗,以保温保湿、促进还苗为主。所以,要密闭塑料棚,不必通风,以利于提高棚内气温和地温。还苗后开始通风,随着外界气温升高,通风口由小到大,开始先通两头,随后逐渐通中间两侧。5 月中旬可揭棚,拔杆插架。

定植时沟灌,水量不足时,还苗后再沟灌一水,但水量要小。根瓜采收前要控制灌水。根瓜采收后,大部根株已坐瓜时可以浇水。采收盛期,要勤灌水,经常保持地面湿润。

揭棚后,及时中耕锄草。通过中耕给黄瓜沟培土,最后使畦面变成沟,瓜秧在半坡上。黄瓜结瓜期需肥量大,要注意追肥。根瓜收后追施稀粪 500 千克,采收盛期每隔 10 天左右追肥 1 次。化肥、稀粪交替施用,化肥量每次 10 千克。

搭架、绑蔓与采收同大棚栽培。

2. 地膜覆盖栽培

地膜覆盖栽培,是紧贴地面覆盖一层很薄的塑料薄膜栽培作物的新技术。它可提高地温,防止龟裂,减少肥料流失,增进土壤肥力,抑制杂草,减轻病虫危害,从而有效地改善作物的环境条件,特别是为根系生长发育创造良好条件。

目前黄瓜栽培中应用地膜栽培的有小高垄、小高畦和高埂沟栽等方式。小高垄栽培的垄宽 20 厘米,小沟宽 20 厘米,大沟宽 50 厘米,垄高 10~12 厘米,每垄栽 1 行,株距 20~24 厘米。小高垄的制作方法是:地整平后,先在起垄处用锄挖成 20 厘米宽的沟,沟深 15~20 厘米,每 667 平方米向沟内施入腐熟堆厩肥 3 000 千克,饼肥 100 千克,过磷酸钙 50~100 千克,将肥土掺匀,灌水后封土成高垄,盖好地膜。如果底墒足,顺起垄线将底肥撒上,然后用锄或其他工具起垄。无论哪种起垄方法,土面须细碎,没有坷垃,垄高低一致,大小均匀成拱圆形,然后盖地膜。地膜盖法有两种,一是用 100 厘米宽的无色透明膜,一盖两个小高垄,在大沟内开小沟压膜边,在小沟内 1 米远用土压一下膜;二是用 40 厘米宽的地膜,一个小高垄盖一地膜。定植前 10~15 天,盖地膜,也可在定植后盖地膜(图 5)。

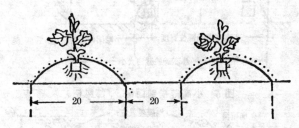

图 5 小高垄地膜覆盖栽培 (邰凤梧,单位:厘米)

　　小高畦地膜覆盖的畦子总宽 1.1 米,畦面宽 50 厘米,沟宽 60 厘米,畦高 10~12 厘米。一畦两行,株距 20~25 厘米(图 6)。小高畦地膜覆盖的方法有 3 种,一是在小高畦上直接盖地膜;二是小高畦中间挖浅沟,沟深 6~7 厘米,沟内 70~100 厘米距离插一小拱杆,将地膜拱出地面 5~6 厘米高,供灌水之用;三是先盖天膜,后当地膜使用。小高畦的盖膜是用 70~80 厘米宽的无色透明膜,或有孔膜,或除草膜。盖膜时间

分定植前和定植后两种。小高畦一般用南北延长畦,这样畦面
在一天内受光均匀,温度高低差异小。如果南北过短,也可改
为东西延长畦,而将小高畦做成向阳坡畦(图7)。

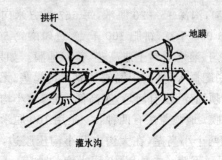

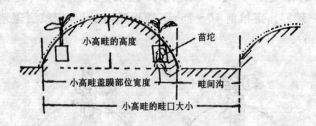

图 6　小高畦横剖面图　(郜凤梧)

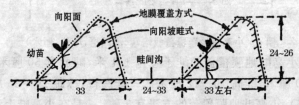

图 7　向阳坡畦式横切面示意图　(郜凤梧,单位:厘米)

　　高埂沟栽又叫高垄沟栽,或沟畦栽种,是一种起土打埂做
沟的栽培方法:在原来起小高畦处开沟,底宽50厘米,成槽形
大沟,用单幅地膜顺畦沟覆盖,可使黄瓜的播期或定植期比小

高畦提前 15 天左右(图 8)。另一种是地膜横跨沟畦覆盖,其畦埂要做成一大一小,一低一高,以便在大畦埂上取土压牢地膜,小地埂高于大畦埂,当作地膜支撑物。地膜覆盖成屋脊形,防止因积雨雪而下沉(图 9)。

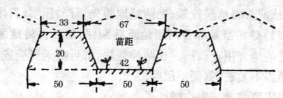

图 8　高埂沟栽横剖面　(郜凤梧,单位:厘米)

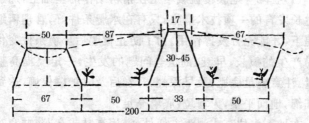

图 9　地膜横跨沟畦覆盖　(郜凤梧,单位:厘米)

小高畦矮拱棚栽培,这种方式综合了小高畦和高埂沟栽两种方式的优点,是对喜温怕低温危害的黄瓜较理想的覆盖方式。建造小高畦矮棚时,先按建小高畦的田间作业顺序,完成做小高畦或播种、定植后,用小竹竿、柳条等,在小高畦上每隔 50~60 厘米,插成高 50 厘米的矮拱棚架,用 100 厘米宽的地膜盖在拱架上,周围用土将地膜埋严,压实。膜上每隔 2~3 拱压一拱形竹竿或树条,防止风刮。同时便于放风时将膜绷紧。终霜后,苗长到要顶住膜时,再将天膜揭开。撒掉矮拱棚架,松土、除草。追肥后,再将撒下的天膜,用"苗侧套盖",即把地膜顺畦摆放在小高畦上两行苗之间,并拉直地膜。然后,两人一组,蹲在小高畦两侧,横向拉开地膜,对准苗基,用剪刀剪开地膜,顺膜缝套住苗,向高畦两侧拉开地膜,将地膜边缘和剪开的地膜用土埋严、压实。也可用"夹苗合盖"的方法盖膜,在小高畦上的两垄黄瓜用3幅地膜,两垄中间1幅,垄外各1幅,先从两头将地膜拉紧,把两端地膜先埋严、压实,再用大头针或细竹劈在苗基部将两幅地膜缝别住,然后再将地膜边和有露缝的地方用土盖压。这两种盖法,都可将天膜变成地膜,而且地膜不被破坏,便于回收。

地膜覆盖栽培操作要点:

(1)整地 地膜覆盖栽培是在精耕细作的基础上,加速作物生长发育的一项技术措施,只有在水肥条件好,管理精细的前提下,才能充分发挥作用。为了防止覆膜后环境条件变化而容易产生的疯长、早衰、倒伏等问题的发生,一定要提高整地质量。注意施足底肥,及早深翻,开春后及时耙耱保墒,达到土质细绵,地面平整,无坷垃,底墒充足。

在地下水位高或灌溉方便处,宜用高畦或高垄。畦宽70~120厘米,高10~15厘米。垄要直,行距一致。畦、垄以南北向为宜。风大、小雨或灌水不多的作物也可用平畦。垄面土壤要细碎,无棱角,呈圆头形。覆膜前,可用木制凹形磙子镇压1~2次,使垄面平整无土块。筑垄过程应拣净残枝、根茬和砖石碎块,防止扎破地膜。覆膜前缺墒的地块,应及早灌水。

(2)铺膜 畦做好后立即铺膜,以利于保墒增温。覆膜应选晴天中午进行,低温条件下铺的膜,热胀后遇风上下扇动易破裂。

膜要一垄一幅。展幅要缓,放平拉紧,使膜完全紧贴垄面。膜两边要用土压严,压实,防止漏风、漏气。两垄之间留20厘米不盖膜,以便灌水。

铺膜的方法有两种：一种是先铺膜，再按株行距在膜上划口栽苗；另一种是先栽苗，铺膜时对准幼苗开口。苗龄要小，并带宿土。覆土时先覆八成，灌水后再覆平。定植孔要用土压紧封严。沟栽盖天膜的，注意掌握天膜与苗端的距离，防止断霜前苗端触膜受冻。

铺膜后注意观察温度，以便及时播种或定植。

除草剂的使用，最好在筑垄后铺膜前喷，用量减少 1/3，盖膜后在无膜处按常规浓度补喷 1 次。使用除草膜的，应把涂除草剂的一面紧贴地面，铺平，以免发生药害。

（3）定植、播种

①定植 黄瓜、番茄、甜椒等多用苗栽。定植方法有两种，一种是先铺膜，再按株行距在膜上划口栽苗。另一种是先栽苗，铺膜时对准幼苗开口。苗龄要小，并带土。覆土时先覆八成，灌水后再覆平。定植孔要用土压紧封严。

②播种 黄瓜、菜豆等大粒种子也可直播。播前覆膜的，可在膜上先划口。播后覆膜的，幼苗出土时划口，助苗出膜，以免灼伤。

地膜栽培并非简单地加一层地膜就万事大吉了，而是在精耕细作的基础上加速作物生长发育的一项技术措施，只有在水肥条件好，管理精细的前提下，才能充分发挥作用。必须注意提高整地质量和覆膜后环境条件变化产生的疯长、早衰、倒伏等问题，并从品种选择、种植密度、施肥等措施上做相应的改变。

地膜覆盖后，并非使所有的作物都增产，如黄瓜，覆膜后早期产量高，但根浅，易早衰，常使总产量下降，只能从早熟上提高经济效益。

地膜覆盖后不便于中耕和追肥。覆盖前应注意施足肥料，但施肥量要求较一般栽培少些，以免烧芽、烧根；尽量用迟效肥料，以免徒长；注意深施，最好全层施，以免施肥过浅，不利于根系深扎；生长中后期，如有缺肥早衰现象，可结合灌水追肥或叶面喷肥。

覆盖后外界供水相对减慢变少，覆膜前后注意墒情，以"手捏成团，掷地可散"为宜。如覆膜时土壤水分不足，覆膜后地温增高，土壤水分上升，会使 5～10 厘米以下土层干旱，必须适时灌水，防止早衰。

覆膜后作物茎叶易旺长，应注意密度。一般宜单株定植，密度要小，苗龄要短，选用小叶型品种。为了经济有效地利用地膜，最好采用大垄双行栽培。

覆膜效果与覆盖技术关系很大。盖膜时，一定要把膜拉紧、铺平、压实。有的地方地膜两侧不压土，常导致畦面中央水少，两侧水多，中间长势差。栽培过程中，地膜破裂时，应立即用土封严。

地膜栽培也有因杂草滋生而失败的。最好喷除草剂后再覆膜。同时，注意定植孔不宜过大，开孔后及时用土封严。膜下有杂草时，中午用脚踏平，将其烧死。

地膜栽培还易增加霜冻威胁。黄瓜应在霜期后定植，直播的应掌握"种在霜前，出在霜后"的原则。

地膜栽培中，植株长势强，容易倒伏，要早设支架。

用天膜形式覆盖的，撤除天膜前要注意幼苗锻炼，防止突然撤除天膜时造成大量冻伤、死苗现象。

地膜要一盖到底，中途一般不要撤除。蔬菜收获完毕后应将残膜清除干净。

(五)春季露地栽培

春季露地栽培是黄瓜栽培的主要茬次之一,特别是小城镇及边远地区面积更大。春季露地栽培黄瓜,前期温度低,特别是地温低,常影响根系发育,要注意采取提高地温和壮根的管理措施。进入结瓜期则要不断调整生长和结瓜的关系,注意病害防治,保持叶面积稳定旺盛的光合能力,以获得高产稳产。

1. 品种选择

春季露地栽培,须经历春季低温到夏季高温的历程,加之春、夏之间气候多变,多风、多寒流侵袭,要获得丰产,应选择适应性强,苗期耐低温,长势壮,抗病,较早熟,高产品种,如萨瑞格、戴多星、京乐五号、香美、2013、南杂5号黄瓜或闵C-09等。

2. 适期早播,培育壮苗

春季露地栽培多用阳畦育苗,终霜后定植。适宜苗龄30天左右。一般在3月中旬播种。种子应浸种催芽。为了肥育种子,笔者曾用人尿做了浸种试验。发现凡用人尿浸种的苗子生长都健壮,从早期产量来看,以腐熟的纯人尿浸种24小时的最好,较对照(温水浸种)增产18%,总产量提高8.5%;而用新鲜人尿浸种24小时的,总产量比对照高14.9%。

播种前,多于当天上午,在床内灌足底水,渗深约10厘米,保证整个苗期对水分的需要。一般只要这次水灌足,并且在以后加强保墒,土壤墒情可保持30天左右,到定植时不再灌水,也能带好土坨。底水渗完后,先撒上一层培养土,厚0.2

厘米，用锹弄平，使根长在虚土上，便于下扎。

　　播种宜选无风晴天、中午前后进行。先把种子放到水中，防止风吹、日晒，避免幼根变干、变黄。用竹筷夹出种子单籽点播。播时把种子放平，芽子朝下，这样容易扎根，种子吸水也匀，便于种皮脱落。有的人把种子立插到泥中，这样容易发生带帽、夹瓣和子叶扭曲现象。每播一粒，随时用培养土盖成一个小堆，高 1.5～2 厘米；播完后再普遍撒一层培养土，厚 2 厘米。在床面的周围放上安妥或磷化锌毒饵防鼠。播后随即盖好玻璃窗，草帘，提高床温，促进发芽，约经 3～6 天即出苗。到 4 月中旬，有 3～4 片真叶时，切块带坨定植。

　　因黄瓜根系较弱，特别是在苗期移栽时若伤根过多，则严重降低成活率，为了保护根系，近年来已较广泛地推广了纸钵育苗，效果尚好。

　　培育壮苗是春黄瓜早熟丰产的重要环节。壮苗的特点是生长整齐，茎粗，个低，叶大，本叶 3～4 片，色绿，无病虫。特别是黄瓜的子叶，不仅供给种子发芽的营养，保护胚芽穿出土面，苗子出土后，它又继续肥大，成为真叶出现前最重要的光合器官。损伤子叶，不仅会严重地影响生长，而且会抑制雌花的形成，延迟开花。所以，具有充分肥大深绿、有光泽的子叶是壮苗的标志之一。培育壮苗的关键是：

　　(1)选好种子，适时播种　应选饱满、健壮、有光泽、发芽率高的种子。黄瓜种子的发芽可保持 8～10 年，但一般 5 年后即降至 60%，3 年的陈种子发芽后长势弱，常有中途死亡现象。生产上以用 1～2 年的种子为宜。特别是用当年新籽育的苗健壮，但雌花出现要比 2～3 年陈的籽晚。黄瓜苗龄以 25～30 天较好，关中地区 4 月中旬断霜，所以，应在 3 月中旬播种，最晚不应迟于春分。适期早播，雌花出现的早，花数也多，

3月底以后播的瓜条少,且晚熟。

(2)床土要疏松清洁,厩肥要腐熟、细碎 阳畦育苗的培养土可用园土4成,人粪尿2成,腐熟牛、马粪3～4成,装纸钵的培养土牛马粪的比例可以增加,而行方块育苗的则减少。另外床土中还可稍掺些过磷酸钙和硝酸铵。

(3)合理调节床温 黄瓜种子在25℃～30℃时2～3天就能出苗,而当温度在15℃～20℃时要经6天,若温度低于12℃～13℃,不仅不能出苗,并且时间长了,还会腐烂、发臭。故播种后要提高床温,促进出苗;出苗后就要开始控制温度,既要避免徒长,又要防止受冻。黄瓜苗有两个时期最易引起徒长:一是子叶出土期,若温度过高会使下胚轴伸长,形成高脚苗;二是在定植前10天左右,秧苗互相拥挤,易使节间加长。这种现象都是高温、高湿,弱光所致。另外,因黄瓜怕寒,当温度低于5℃时,生理过程被破坏,而在2℃～4℃时则会受冻,特别是在有寒风时更甚。轻微受冻的苗子,子叶边缘及向阳面发白,严重时整个植株死亡。黄瓜能忍耐的最高温度为35℃～40℃,故晴天,特别是中午要注意通风。

黄瓜在子叶刚展开时只要稍通风即可。当第一片真叶充分展开后,可降至15℃～17℃,以后床温在晴天保持20℃～24℃,阴天保持15℃～18℃,夜温不超过12℃～15℃。一般早晨8时至9时当床外气温升到4℃以上时就可揭帘,下午5时至6时,气温降至10℃～12℃就应盖帘。通风换气宜逐渐进行,避免温度忽高忽低。

(4)灌足底水,勤覆土,保墒,增温 育苗期间保证土壤有充足的水分,才能生长良好。播前灌足底水十分重要。多用大水浇灌,一般渗深10厘米多,这样在播后若保墒得法,在25～30天内不需要再灌。保墒方法是多覆土。一般除播种时覆土外,于瓜苗刚出土,齐苗后及第二片真叶顶心时各覆细土一层,每层 0.1～0.2 厘米。这不仅能防止水分蒸发,减少龟裂,降低空气湿度,防止徒长,还能提高床温,促进产生不定根。苗床灌水要慎重:有时由于底水过大,土壤通气不良,致使苗子发生沤根、猝倒或招来种蛆危害,子叶长期扭曲不展,甚至死亡;有时又因灌水不足,迫使不得不在出苗后灌水,从而又降低床温,并形成板结。在苗期若缺水时,应择 2～3 天内无雨时于上午灌水,灌后立即大通风,待叶子上无水珠时及时覆土。但灌量宜小,以渗入床土 6 厘米较好。

3. 整地做畦

黄瓜是浅根作物,根系呈水平伸展,故不抗旱,也不能过湿。黄瓜在土壤中含有 20% 左右的氧气时生长才好,如果氧气少于 5% 时,根系活动能力差,生长不良。因为黄瓜植株生长快,茎叶茂盛,结果多,所以,只有在疏松、肥沃,排灌方便的地方才能丰产。忌连作,要选 2～3 年内未种过瓜类的菜地,前茬以秋菜、绿叶蔬菜、葱等为好,当其收获后,深耕 20～24 厘米,立茬过冬,开春后施足基肥,再行浅耕,耙、耢平整后做畦。架瓜多做成 1.3～1.4 米宽的半高畦或高畦,每畦栽两行;而爬地瓜则每隔 1.4～1.6 米(延畦)再开成宽 0.7 米的瓜沟,每沟两行。在地下水位高,土质又较硬的地方,也有用半高畦者,沟宽 20～24 厘米,畦面宽 1～1.4 米,苗子定植到沟的两侧,便于排灌。

4. 定　植

黄瓜最怕寒冷,如温室若把温度突然降至 12℃ 以下就有受冻的可能;而早春阳畦育苗时,晚上温度常在 10℃ 以下,它经受了锻炼,细胞的含糖量增加,胞液浓度加大,提高了抗寒能力,在 5℃时也不致受冻,甚至能耐短期 2℃～3℃的低温;但怕霜冻,−1℃～−3℃时则能冻死。黄瓜根系伸长的最低地温为 8℃,定植时最低地温应在 13℃～14℃以上。从各地经验来看,春黄瓜定植期大致在平均气温 15℃左右。所以,露地多在 4 月中下旬定植。

定植宜择晴天。多数行干栽后,灌水,这样土面易板结、龟裂,逢雨土壤过湿,易烂根。最好坐水稳苗:先按行距开 15 厘米深的沟,灌水后把苗按株距坐入水中,水渗后再覆土。或用挖窝、灌水、栽苗,覆土的办法。坐水稳苗底水足,地面疏松,保墒好,地温高,容易扎根成活。若必须在阴雨天定植时,因墒大,可暂缓灌水;但定植后若遇风或放晴,尽管土壤较湿,也应浇 1 次稳苗水,使根与土密接,避免漏风,促进还苗。起苗时要带好土,防止伤根。栽苗不要过深,以土坨与地面相平为宜。有的用粪水稳苗,效果更好。

定植后如遇不良条件或管理不当,除有烧根、沤根、花打顶外,还有寒根发生。寒根的表现是子叶发黄、萎蔫,但拔起根观察时不见异常。这是因为定植偏早,地温低,或在定植后遇寒流,根系吸收水分能力差,造成生理干旱。补救的办法是多次中耕松土或采用地膜覆盖。必要时,还可在中午锄开苗坨周围土壤,使根际周围充分吸热,下午用晒暖的土壤覆在苗周。

5. 中耕、除草、搭架、绑蔓

栽苗后 1～2 天用小锄浅耕、平沟、打碎坷垃,保墒。约经 1 周还苗后再锄 1 次,深 0.6～1 厘米,进行蹲苗。这时宜少灌,若中午幼苗发蔫可浇 1 次小水,灌后再锄。当株高约 15 厘米时,有的就已着瓜应浇透水。随即用竹竿或树枝等插成

"人"字架,把蔓绑到架上,以后每隔30～50厘米长要绑1道,直到架顶为至。封行后要及时除草。

黄瓜的整枝应按品种的结果习性进行。如多数黄瓜,特别是早熟品种主蔓雌花出现早,为利用主蔓结果可摘去侧枝,而对主蔓不易着生雌花或着生很晚的,则可于幼苗有4～5片真叶时摘心,促其早抽侧枝,早结果。

6. 灌　水

黄瓜根浅,叶面大而薄,蒸发量多,生长又快,所以,需要相当多的水分。每667平方米黄瓜需水量多达870多吨,但苗期需水不多,85％以上的水分是在结果期供给的。黄瓜从定植到坐果前,植株小,温度又低,耗水量不大。为使苗子蹲实,所以,苗期应适当少灌、多锄,使土壤疏松、暖和,发根多些,苗长得粗些、壮些。当定植后约半月,第一雌花逐渐凋谢,子房随之迅速发育,当根瓜长到长约15厘米时,正是细胞膨大最快之时,生长量要比前期增大8～10倍,必须开始加足水分才能满足植株和果实日益增长的需要。这时,水分充足则瓜条肥嫩,枝叶茂密;否则瓜条短小、尖瘦,植株生长不良。所以,有经验的菜农对灌头水非常讲究,灌不好就会表现出各种不正常现象;例如:当第一朵雌花刚出现时,水多了会跑秧,挂不住果;开花时或花刚谢就灌水,果实不是黄萎,就是变僵,也难膨大。因此,要到有一半以上的植株头一个瓜坐稳后,才开始大量灌水。以后,植株开始旺盛生长,果实迅速发育,水分必须充分,水少了根发不开,茎叶不旺,产量也难提高;但浇水太多,土壤过于阴湿,通气性差,妨碍根部的呼吸,容易发生烂根和引起其他病害。在根瓜采收期间,瓜蔓尚短,气温也不太高,3～5天浇1次即可,保水力差的土壤,也有日灌2次的。灌水要掌握中午不浇,早晚浇;阴天不浇,晴天浇,特别是在大热天,暴雨忽晴后要抢浇 1 水,这对降低地温,防止"热蒸",避免植株打蔫,很有好处。灌水时要实行小水轻浇,做到不积水,不漫根。如果发生霜霉病时,灌水最好在早晨。

7. 追 肥

黄瓜需肥多,特别是在开花结实期,充分而均衡地供给氮、磷、钾肥料,更能显著地促进果实的肥大。

黄瓜不同生育期和不同部位,吸收利用肥料成分的比例不同。定植后 30 天,养分吸收缓慢,从收获开始吸收量迅速增加,到定植后 50 天进入收获最盛期后,各种营养成分的吸收量达到 50%～60%。这时在叶和果实中的氮、磷、钾,都分别接近一半。这样随着果实的采收,土壤中因植株吸收其营养成分损失达 30%～60%。所以,产量愈高,需肥量也多。在施肥时必须按黄瓜不同生育期需肥的多少,增减施肥量外,还应注意到黄瓜对肥料浓度很敏感的特点。如在苗期能耐肥料溶液的浓度仅为 3.4%,而在生长盛期也不过 5%,所以,追肥要掌握"少量多次"的原则。一般每隔 7～10 天追肥 1 次,每次 667 平方米可追硫铵 10 千克左右,或腐熟人粪尿 250～500 千克。

回头瓜的多少,是黄瓜能否高产的重要标志。为促生回头瓜,要注意主蔓在 20～25 节时摘心,促进侧蔓生长,侧蔓见瓜后留 1～2 片叶摘心。并及时摘除主蔓基部黄叶、病叶。结合浇水,每 667 平方米追施硫铵 15～20 千克,或人粪尿 500～1 000 千克。10 天后再追肥 1 次。暴雨后及时浇 1 次井水,降低地温。

8. 采 收

适时采收不仅关系到品质,而且影响到以后的产量。黄瓜果实生长很快,露地栽培的黄瓜,从雌花凋谢到食用成熟仅需7～12天。在果实发育过程中,起先主要是果皮的增厚。其后受精的胚珠逐渐发育成种子,先形成种皮,之后胚才充实。所以成熟和未成熟的种子的种皮,大小相差不大,但成熟种子的种皮变硬,子叶肥大。果实采收应在种皮开始形成时进行。这时果皮不硬,心室小,种子小,脆嫩可口,品质佳。若迟采,不仅降低商品价值,而且因种子的发育耗费大量养分,对以后的产量影响甚大。所以,勤摘瓜,结瓜多,瓜条大,采收期长,产量高。黄瓜不受精也能结果,但只有受精的胚珠才能发育成种子;而种子着生处的胎坐也要比未受精者膨大快,因而该处的子房也较肥凸。所以,精心管理,不仅可以高产,而且能增加商品果实的合格率。

(六)越夏遮阳网覆盖栽培

夏、秋季节蔬菜栽培面积较大,在栽培过程中,常因强光高温、暴风雨及病虫的危害,使生产蒙受不少损失。为此,生产中需要采用一些简易的覆盖方法进行保护栽培。以往主要是利用芦帘、秸秆等进行遮阳或将种子套播于作物下,利用植物的茎叶遮阳降温。随着技术的进步,现在正在推广塑料遮阳网覆盖栽培。

塑料遮阳网又叫遮阳网、遮阴网、遮光网、寒冷纱或凉爽纱。其产品主要是用聚烯烃树脂做原料,并加入防老化剂和各种色料,溶化后经拉丝编织成的一种轻量化、高强度、耐老化的新型网状农用塑料覆盖材料。

1. 遮阳网覆盖技术的特点

(1)轻便、简易、节本　遮阳网重量很轻,体积小,使用方便。而且是用石油化工副产品做原料,材料来源广,易于大批量生产。每667平方米1次投资约600元,可连续使用3~5年,每年覆盖4~6茬,每茬成本仅30~50元,而增值近150元,效益较好。特别是夏、秋季将遮阳网覆盖到温室、大棚及中小拱棚上,可使其在夏季得到充分利用,有利于发展周年系列化设施园艺栽培体系。

(2)能有效地改善作物生长环境,减轻灾害危害　遮阳网的主要作用是防止强光高温、暴雨、大风、霜冻及鸟虫等危害,可为作物生长发育提供良好的环境条件。夏季晴天日照强度往往超过10万勒,而一般绿叶菜的适宜光照强度为2万~3万勒。夏季用遮阳网覆盖后,地表温度一般可降低4℃~6℃,地下5厘米处地温降低3℃~5℃,地上30厘米处气温降低1℃左右。若做地上浮面覆盖,地下5厘米处地温可降低6℃~10℃。用黑色网覆盖,地表温度降低9℃~13℃,地下5厘米处降低4℃~7℃。所以,用遮阳网覆盖后,可使光照强度降低到作物生长适宜的范围内,以利于光合作用的进行。覆盖遮阳网后,在遮光降温的同时,还可减缓风速,减少土壤水分的蒸发,防止土壤板结,有利于保湿防旱,并降低暴风雨对蔬菜造成的机械损伤、泥沙污染及土壤板结对蔬菜的危害。此外,还能减少病虫危害。如用银灰色网覆盖,可以避免蚜虫为害,减少病毒病;采用封闭式全天覆盖,可以防止菜粉蝶、小菜蛾、斜纹夜蛾等多种害虫在蔬菜上产卵,使虫害减轻,实现作物的无农药和少农药栽培。现在遮阳网除大量用于夏秋季节蔬菜栽培,缓解秋淡外,主要用在高温多雨或容易发生病毒危害的地区,培育甘蓝、白菜、芹菜、莴苣、番茄、黄瓜等幼苗,可以提高出苗率,保证全苗、壮苗。

(3)防寒　冬季代替秸秆、落叶进行覆盖,可以防霜、防寒、防冻,有利于实现冬季蔬菜稳产优质。因遮阳网有白天降温、夜间保温的性能,用于秋菜可防早霜,春菜可防晚霜危害。

2. 遮阳网覆盖栽培的方式

(1)温室遮阳网覆盖　夏季在温室内分水平覆盖和温室外水平覆盖,温室外水平覆盖降温效果好,最大降温达 9℃,是温室遮阳覆盖的主要方式。当温室内前茬作物收获后,随即整地做小高畦,并盖上遮阳网。遮阳网的颜色可选用黑色、银灰色或蓝色。温室遮阳网的覆盖方法分 3 种,一种是温室内水平覆盖,另一种是温室外水平覆盖,再一种是倾斜覆盖。前两种覆盖用竹竿,木棍等搭成平面支架,将遮阳网盖在支架上。后一种是将遮阳网直接覆盖在温室倾斜的骨架上。这样,在温室中栽培的瓜类、茄果类和豆类等蔬菜,在高温来临时可防止早衰,延长开花结果期,提高产量,增进品质。

(2)塑料大棚遮阳网覆盖　夏季利用塑料大棚骨架或在塑料棚膜上覆盖遮阳网,网两边要离开地面 1.6～1.8 米,以利于通风。棚膜与遮阳网并用,一网一膜:即在保留顶膜的大棚上,再加盖一层遮阳网。这样,降温、防暴雨的效果较好。还可以利用大棚两侧的纵向拉杆,用压膜线在两纵向拉杆间来回拉紧成一平面,将遮阳网平着悬挂在大棚内距地面 1.2～1.4 米处,既有利于通风,又不必每天揭盖,可用于大棚夏菜的延后栽培及秋菜育苗,也可用于夏伏天小白菜、菜心、伏莴笋、伏萝卜、伏芹菜、伏黄瓜、夏大白菜、生菜等的生产。此外,还有一种带状间隔覆盖法:在南北延长的大棚架上,顺其延长方向,每隔 30～50 厘米,固定覆盖一幅 1.6 米宽的遮阳网。这样,不但有较好的降温作用,而且可使棚内每个角落都能得到短时间的"全光照",既省去每天揭盖网管理工作的麻烦,又节省近 30% 的用网量。

3. 遮阳网覆盖栽培技术

(1)科学选网 蔬菜的光合作用与光照强弱有关。不同规格、不同颜色的遮阳网,遮光的程度不同;不同种类的蔬菜,光合作用的适宜光照强度也不同。光饱和点是选择遮阳网及确定遮阳网揭盖时间的重要参数。在强光下,用遮阳网覆盖,将光强降至光饱和点附近,可以降低强光对光合作用的抑制,有利于光合作用的正常进行。盛夏酷暑期覆盖时,宜选用遮光率为 45%～65% 的 SZW-12 或 SZW-14 型黑色遮阳网;夏末覆盖时可选遮光率较低的银灰色遮阳网,兼有避蚜作用。

还应注意,遮阳网的主要成分是塑料,而普通塑料中往往含有对蔬菜有害的成分。因此,要选用由正规厂家生产的、适合蔬菜生产用的无毒遮阳网,防止对蔬菜产生危害,造成落叶、落花,甚至导致蔬菜枯死。

(2)选用适宜的覆盖方式 北方许多地区的温室、大棚、中棚、小棚等保护地设施,一般只进行秋、冬、春保温防寒栽培,夏季多闲置不用。利用遮阳网覆盖,一年可多生产 1～2 茬生长期短的绿叶菜,或进行育苗,提高棚室骨架的利用率,增加产量和收益。在南方,温室及塑料拱棚较少,可采用浮面覆盖与水平棚相结合的方式,即播种后在畦面上直接覆盖遮阳网,出苗后就地搭小平棚,将遮阳网盖在棚架上。

(3)管理工作规范化 夏季遮阳网覆盖栽培的主要目的是遮光和降温,其中遮光起主导作用。遮光的程度除选用遮光率适宜的遮阳网外,还须掌握揭盖时间。如果覆盖遮阳网后一盖到底,则会产生由于高温、高湿及弱光引起的徒长、失绿、患病、减产及品质下降等副作用。管理工作总的原则是:根据天气情况和不同蔬菜、不同生育时期对光照强度和温度的要求,灵活掌握揭盖时间。具体操作规程是:播种至出苗前,采用浮面覆盖,出苗后于傍晚揭网。如在露地播种需搭棚架,次日日出后将遮阳网盖在棚架上。移栽的幼苗在成活前也可进行浮面覆盖,但应白天盖,晚上揭,幼苗恢复生长后进行棚架覆盖;中午前后光照强、温度高以及下暴雨时要及时盖网;清晨及傍晚或连续阴雨天气,温度不高,光照不强时,要及时揭网。用遮阳网覆盖后,植株鲜嫩,但叶绿素、维生素C、蛋白质含量常不及露地高,特别是硝酸盐的含量有增加的趋势。因为硝酸还原酶是光诱导酶,在光下活性增强。据试验,采收前5天进行揭网,能有效地克服遮光对品质的不良影响。因此,用遮阳网覆盖的作物,应在采收前5～7天揭去遮阳网,以免叶色过淡,品质降低。

另外,在洪涝灾害频繁的地区,最好采用深沟高畦种植,暴雨洪涝过后突然晴天,植株地上部蒸腾作用加强,而根系吸水力弱,吸收的水分不能补充蒸腾作用失去的水分,植株组织失水萎蔫,逐渐死亡。所以,应在雨前清理沟渠,以利于排水,洪涝过后遇烈日照射时,不要1次将水排干,要分次排水,使根系逐渐恢复吸水能力。

暴雨及洪涝过后,如果发现蜗牛为害,每667平方米用8%灭蜗灵颗粒剂1.5～2.0千克或10%多聚乙醛颗粒剂,每平方米1.5克加过筛细土,拌匀后撒施。

（七）秋季及秋延后栽培

秋季黄瓜栽培在有霜地区，指初霜前收获结束的栽培；而在长年无霜地区是指夏瓜拔秧，秋瓜上市的秋季栽培；秋延后则指我国北方秋季温度下降较快，生长期短，冬霜前不能完全收获，必须加覆盖保护生长，所以，叫延后栽培。延后栽培还可晚收贮藏，新年上市。

1. 选用耐热、抗病品种

目前耐热抗病的品种有戴多星、欧宝、梦幻巴黎、皮克灵、2013、翠绿、津优 6 号和朝阳 3 号等。这些品种长势强，耐病，耐低温，坐果率高，化瓜少，栽培效果好。

2. 适期播种

秋黄瓜播期很重要，以早播为好，一般应掌握在 7 月上旬到 7 月中下旬。此期内可以排开播种，以拉长供应期。此时正值雨季，要选地势高燥，排水良好，含有机质多的土壤。多采用半高垄催芽播种或干籽点播，防止播后雨淹缺苗。秋延后大棚栽培的，播期要掌握在严冬来临前最后坐的瓜能长成商品瓜。播早了和露地秋瓜无多大区别；晚了，产量太低。播期一般在 8 月 10～15 日。如果用大棚、日光温室，前作收获晚，可采用育苗方法，其播期可比直播提前 7～10 天。育苗时可在畦面上插小拱棚，上盖遮阳网，防止雨水冲刷，苗长至 1～2 片真叶时，提早定植。直播时在垄沟浇水，水渗下后在水位线上贴芽播种，播后覆土 2～3 厘米。出苗前保持垄面潮湿，如湿度不足，要及时浇水。出苗后适当控制灌水，深锄 1 次，促进根系发达，但不需要蹲苗，只是促控结合即可。一般播后 2～3 天出苗,出苗后除去荫棚,将周围薄膜向上卷,加大通风。1.5～2片真叶时,用 200×10^{-6} 乙烯利喷洒,促进雌花分化。

3. 整地,定植

前作收获后,及时清除枯枝、烂叶及杂草,随即深耕晒垡,整地。一般做成小高畦,宽 1～1.1 米(高畦宽 40～50 厘米,沟宽 60 厘米),种植两行,株距 20～22 厘米,每 667 平方米 4 500～5 000 株。秋延后黄瓜可用平畦,也可用小高畦,畦高 8～10 厘米,株行距与秋瓜一样,或稍大于秋瓜,减少初冬株间遮荫。直播者可分次间苗,育苗的可栽小苗,苗长至 1 片真叶时定植,也可在 2～3 叶时定苗。

4. 搭架、绑蔓和追肥

秋瓜生长发育快,而且此时正值炎热多雨天气,土中有机物分解快,流失多,地面水分蒸发快,因此,必须早搭架绑蔓。浇水、追肥要轻,每隔 3～5 天浇 1 次水,5～6 片真叶时每 667 平方米追施碳酸氢铵 20 千克。结瓜期每隔 2～3 天浇大水,要早、晚浇水。每 667 平方米追施硫铵 10 千克,雨后及时追施化肥,防止脱肥。暴雨后浇 1 次井水,降低地面温度,以防根系受损和病害发生。开始结瓜后,每隔 6～7 天,结合喷药用 0.3% 磷酸二氢钾和 0.3% 尿素交替进行叶面喷洒。亦可喷用 300 倍的秦农乐,或 6 000 倍的植保素,改善叶面营养状况,延长结果期。

5. 早覆盖防寒

秋延后黄瓜在气温降至 20℃ 以下时,应考虑搭棚覆盖。苗小,应提早覆盖。一般有霜冻处,应在初霜到来之前 15 天左右覆盖薄膜。覆盖薄膜后,中午温度尚高,膜边不用压土,同时要及时放风,避免徒长。大棚只有单层薄膜覆盖,当外界最低气温下降到-1℃～-2℃时,棚内0℃左右。这时黄瓜大棚生产也就结束了。大棚如像日光温室,能加盖草苫,当棚外夜间温度短时下降到0℃,可通过在薄膜外加盖草苫,延长收获时间。当天气转冷,边膜用土压实。注意防冻,夜间最好双层覆盖,当温度不适合黄瓜生产时,瓜蔓不死,瓜仍在秧上挂着,这称为"活体贮存",市场需要时再收。

八、病虫害防治

（一）病害防治

黄瓜病害主要通过叶部、茎部和果实上的病变进行识别。其主要病害的识别方法为：

叶 部

(1)病斑规则

①多角形

淡黄色变淡褐色，干枯，叶背长黑霉 ………… 霜霉病

淡褐色，湿腐变成白色，易碎裂 ………… 细菌性角斑病

淡褐色，从叶缘向内呈楔形大病斑……… 细菌性缘枯病

②圆形

病斑较小，红褐色，易龟裂 ………… 炭疽病

病斑较小，暗黄褐色，易穿孔 ………… 黑星病

病斑大，圆至不规则形，边缘明显，上生少量灰霉………

………… 灰霉病

(2)病斑不规则

产生白粉状霉 ………… 白粉病

呈浓淡相间花叶，叶片皱，植株矮化 ………… 病毒病

茎 部

黄褐色条斑，具松香状胶质，生白至淡红色霉，维管束变

褐色 ………… 枯萎病

茎节腐烂，长出绒毛状灰褐色霉 ………… 灰霉病

淡褐色棱形斑，生粘质粉红色状物……… 炭疽病

· 102 ·

病斑水浸状腐烂,上生白色绒毛状菌丝,具菌核 ………
……………………………………………………… 菌核病

果 实

圆或不规则稍凹陷斑,上生淡红色粘质物……… 炭疽病

幼瓜尖部湿腐,长出绒毛状灰霉…………… 灰霉病

幼瓜尖部湿腐,长出白色绒毛状菌丝,菌丝结成黑色菌核
……………………………………………………… 菌核病

水浸状小圆斑,分泌半透明粘液,白化龟裂 …………
……………………………………………………… 细菌性角斑病

瓜面生花皮,长瘤…………………………… 病毒病

溃疡斑,后期胶化物干结、脱落、病斑凹陷,有黑毛 …………
……………………………………………………… 黑星病

1. 霜霉病

霜霉病,又叫跑马干,黑毛,瘟病和痧斑。由古巴假霜霉菌引起,是毁灭性病害之一。除危害黄瓜外,还危害香瓜、丝瓜、南瓜、苦瓜、葫芦和越瓜等。

【症 状】 幼苗、成株均可发病。主要危害叶片。子叶被害时,正面初呈褪绿色黄斑,扩大后变成黄褐色,干枯、卷缩、下垂。潮湿时叶背病部长出紫黑色霉。成株期多在开花结瓜后发生,盛瓜期发病更重。该病常先从下部较老叶片上发生,渐次向上。发病初期,瓜叶背面先出现水渍状浅绿色小斑点,早晨更明显。病斑很快扩大,因受叶脉限制,而呈多角形淡黄至黄褐色斑块。潮湿时叶背病斑上生出暗灰色霉层,即病菌的孢子囊梗和孢子囊。

【发病规律】 为活体专性寄生真菌。孢子囊寿命短,一般仅存活 1～5 天,最多 20 天。北方寒冷地区露地不能越冬,植

株枯萎后即死亡。种子不带菌，主要靠气流传播，从气孔入侵。在温暖地区黄瓜周年生产，病原菌在叶子上越冬、越夏，随时侵染。寒冷地区无黄瓜生产处，病菌随季风从邻近地方吹来。

霜霉病的发生与植株周围的温湿度关系非常密切。该病孢子囊产生的适宜温度为 $15℃～20℃$，萌发的温度为 $5℃～32℃$，适温 $15℃～22℃$。病菌侵入叶片的温度范围是 $10℃～25℃$，其中以 $16℃～22℃$ 最适宜。

霜霉病发生的温度为 $16℃$ 左右，而流行适温为 $20℃～24℃$，相对湿度在 85% 以上，旬平均降雨量在 40 毫米以上，尤其伴有连阴雨时更易流行。所以，一旦有了中心病株，只需 $3～4$ 次的扩大再侵染，总共不过十余日，即可酿成大灾。所以，其防治的关键是尽早发现中心病株或病区。

霜霉病主要危害功能叶，幼嫩叶、老叶受害少。因此，该病是由下逐渐向上发展的。

【防治方法】

①选用抗病品种　黄瓜品种对霜霉病的抗性差异大，要选较抗病的品种。

②选用健壮无病秧苗　育苗地与生产地隔离，定植时严格淘汰病苗。

③选择地势较高，排水良好的地块种植　施足基肥，生长期适当追施氮肥，提高植株的抗病性。实行地膜覆盖栽培，减少土壤水分蒸发，降低空气湿度，并提高地温。结瓜前少浇水，多中耕。

④生态防治　改革耕作方法，改善生态环境，实行地膜覆盖，进行膜下暗灌。灌水要在晴天上午进行。

将苗床或设施栽培的温湿度控制在适于黄瓜生育，而不利于病害发生的范围内，尽量躲开 $15℃～24℃$ 的温度。即上午将棚室温度控制在 28℃～32℃,最高 35℃,空气相对湿度 60%～70%。具体方法是日出后充分利用晨光,闭棚增温,温度超过 28℃时,开始通风,超过 32℃时加大通风量。下午使温度降至 20℃～25℃,湿度降到 60%,这时的温度虽适合病菌萌发,但湿度低,可抑制病菌的萌发和侵入。因此,要加强通风排湿,防止叶片结露,阴雨天不灌水,防止湿度过大。棚室内夜温低于 12℃时,叶面易结露水,为防止这种现象,日落前适当早关闭门窗,同时可利用晴天夜间棚室内外气流逆转现象,拂晓将温度降至最底,湿度达到饱和时放风。太阳出来后,关闭门窗,使温度提高到 30℃。下午适当通风,使温度降至 20℃～23℃,夜间 15℃～10℃。预计夜间温度不低于 14℃时,傍晚可通风 1～3 小时。为降低空气湿度,特别是上午灌水后,立即关闭棚室通风口,使其内温度上升到 33℃,持续 1～1.5 小时,然后放风排湿。待温度低于 25℃,再封棚升温,至 33℃时,持续 1 小时,再放风。降低空气湿度,防止夜间叶面结露。

⑤加强营养,科学施肥　发病叶常与其体内氮糖比失调有关。加强叶片营养,可提高抗病力。用 0.5～1∶1∶100 的尿素,葡萄糖(或白糖)对水,3～5 天喷 1 次,连喷 4 次,防效达 90%左右。生长后期,植株叶液氮糖含量下降时,可向叶面喷施 0.1%尿素加 0.3%磷酸二氢钾;还可喷洒喷施宝,提高抗病力。开花初期,每 667 平方米用增产菌 5 克,幼果期后用 10 克,对水喷雾,可增加植株抗病性。

⑥小灰水杀菌　小灰(草木灰)1 千克,加水 14 升,浸泡 24 小时。取出浸液喷洒叶片,可使其吸收大量钾离子,对植株有刺激作用,加速根系对氮、磷等物质的吸收,并促进各种养分在植株体内的转运和利用。喷后,黄瓜茎叶角质层明显增厚,刺毛变硬,增强了植株本身的保护功能。

⑦喷雾防治 一旦发现中心病株或病区后,除及时去掉病叶外,迅速在其周围进行化学保护。一般每 4～7 天要喷药 1 次,至于两次喷药间隔时间的长短,应按当时降雨和结露情况而定。抓紧晴天喷,雨前要喷,雨后须补喷。露重时,间隔期要短。因为霜霉病主要靠气流传播,且只从气孔入侵,幼叶在气孔发育完全之前是不感病的。喷药须细致,叶面、叶背都要喷到,特别是较大的叶面更要多喷。

目前防治霜霉病较好的农药为 70%乙磷锰锌 500 倍液,72.2%普力克水剂 800 倍液,75%百菌清 700 倍液,百菌通 500～800 倍液,25%甲霜灵 600 倍液,25%甲霜灵锰锌(瑞毒霉锰锌)600 倍液,50%甲霜铜 600～700 倍液,40%乙磷铝 200～250 倍液,64%杀毒矾 400 倍液,70%甲霜铝铜 800 倍液,50%敌菌灵(B-622)500 倍液。

霜霉病、细菌性角斑病、细菌性缘枯病、细菌性叶斑病混合发生时,为兼治 4 病,可喷撒酯酮粉尘剂,1 000 平方米用 1.5 千克;或 60%琥乙磷铝可湿性粉剂 500 倍液,或 50%琥胶肥酸铜可湿性粉剂 500 倍液加 25%甲霜灵可湿性粉剂 800 倍液,或用 100 万单位硫酸链霉素配成 150×10^{-6} 溶液加 40%三乙磷酸铝 250 倍液防治。

霜霉病、白粉病混合发生时,可用 40%三乙磷酸铝 200 倍液,加 15%粉锈宁(三唑酮)可湿性粉剂 200 倍液喷洒防治。

霜霉病与炭疽病混合发生时,可选用 40%三乙磷酸铝 200 倍液加 25%多菌灵粉剂 400 倍液,或 25%多菌灵粉剂 400 倍液加 75%百菌清可湿性粉剂 600 倍液,或 40%三乙磷酸铝 25 克加 70%代森锰锌 20 克,对水 12.5 升喷洒,防治效率可达 90%。

⑧喷粉防治　温室或大棚内,苗期和生长前期,发现中心病株后,及时用10%防霉灵粉尘,或5%百菌清粉尘,每1000平方米用药1～1.5千克,早晨或傍晚喷粉。每8～10天喷1次,共5～6次。喷前将放风口关闭,喷后1小时放风。

⑨熏烟防治　设施内黄瓜上架后,植株比较高大,喷药较费工,特别是遇阴雨天,霜霉病已经发生,喷雾防治会增加设施内空气湿度,防效较差。这时200立方米容积可用45%百菌清烟雾剂300～330克,或10%百菌清烟柱900克,或75%百菌清粉剂加酒精130～200克,傍晚封棚后熏烟。其方法是将药分成若干份,均匀分布在设施内。烟雾剂用暗火点,烟柱捻用明火点或暗火点,百菌清粉加酒精用明火点燃,次日早晨通风。一般7～14天熏1次,共3～6次。百菌清烟剂对霜霉病、白粉病、灰霉病均有效。

⑩高温闷杀　晴天早上先喷药,后浇水,同时关闭一切通风口,使室内温度升高到45℃～48℃,持续2小时,可抑制病菌蔓延。闷杀后适当通风,使温度逐渐恢复到正常温度,约经5～7天,又可正常采瓜。

闷杀时,当温度升到48℃后,注意观察,若龙头的小叶开始抱团,是温度太高之故,应小放风降温,切勿使龙头打弯下垂,引起灼伤。闷杀后黄瓜生长受到一定限制,应立即追施速效肥,并向叶面喷施1∶1∶100的糖氮素液或蔬菜灵800倍液,0.5%磷酸二氢钾,促使尽快恢复正常生长。

⑪益菌保健　用增产菌拌种,并于定植成活后和初花期各喷1次,以后每隔10天1次,连续2次。每667平方米用药粉5克,可使有益微生物成为优势种群,抑制有害微生物种群,减轻霜霉病。对疫病、菌核病也有明显减少。

2. 细菌性角斑病

【症　状】　主要危害叶片,也可危害果实和茎蔓。苗期至成株期都可受害。子叶被害时,初呈水浸状近圆形凹陷斑,后变成黄褐色斑;真叶染病后,先出现针尖大小的淡绿色水浸状斑点,渐呈黄褐色或淡褐色,因受叶脉限制,病斑呈多角形黄褐色斑。潮湿时叶背病斑外有乳白色菌脓,即细菌液,菌液干后呈白痕。病部质脆,易开裂或脱落成穿孔。茎、叶柄、卷须染病后,出现水浸状小点,沿茎沟纵向扩展成短条状;湿度大时也有菌脓,严重者病部纵向开裂,呈水浸状腐烂,变褐,干枯后表层留有白痕。果实上病斑初呈水浸状圆形小点,扩展后为不规则或连片病斑,向内扩展,沿维管束的果肉变褐色,病斑溃裂,溢出白色菌脓,并常伴有软腐病菌侵染,而呈黄褐色水渍状腐烂。病菌染及种子,引起幼苗软化死亡。

细菌性角斑病初期病状易与霜霉病和生理充水相混淆,应慎重区别。角斑病与霜霉病的主要不同处是其病斑较小,颜色浅,呈灰白色,后期穿孔;叶背病部水浸状明显并产生乳白色菌脓;对光透视,有透光感。生理充水者,叶背出现多角形水浸斑。这种现象主要发生在地温高、气温低,特别是连阴天、空气湿度大、通风不良、妨碍蒸腾时,细胞内的水分渗流到细胞间,使叶面出现水渍状污绿色斑点或多角形斑块;太阳出来后温度升高,病斑消失,叶面不留痕迹;衰弱的植株,白天温度升高后水渍斑也不消失,几经反复,细胞死亡,叶子干枯,或出现泡泡病症状:叶脉间叶肉隆起,隆顶呈灰白色,或灰褐色近圆形斑点,不穿孔。

【发病规律】　由丁香假单胞杆菌属黄瓜角斑病细菌引起。菌体短杆状,相互呈链状连接,具端生鞭毛1～5根。该病菌在种子内外,或随病株残体在土壤中越冬,存活期达 1～2年。通过雨水、昆虫和农事操作等途径,从气孔、水孔、皮孔等自然孔口或伤口侵入。用带菌种子播种后,种子萌发时即侵染子叶。棚室栽培的黄瓜,湿度大,叶面常有结露,病部菌脓可随叶部吐水及棚顶落下的水珠飞溅传播蔓延,反复侵染。

角斑病发生的温度为 10℃～30℃,适温为 24℃～28℃,最高 39℃,最低 4℃。在 49℃～50℃中,10 分钟死亡。发病的适宜空气相对湿度为 70％以上,低温、高湿易发病。病斑大小与湿度有关,夜间饱和湿度持续超过 6 小时者,病斑大,而且典型。湿度低于 85％,或饱和湿度时间少于 3 小时,病斑小。昼夜温差大,结露重,而且时间长时,发病重。

【防治方法】

①选无病瓜留种,播前消毒处理　要选留无病植株做为采种株,加强管理。种子用 55℃温水浸种 15 分钟,或冰醋酸100 倍液浸 30 分钟,或福尔马林 150 倍液浸种 1.5 小时,或100 万单位农用链霉素 500 倍液浸种 2 小时,冲净后催芽播种。

②清洁土壤,减少病原　用无病土育苗,与非瓜类作物实行 2 年以上轮作。加强田间管理,生长期及收获后清除病残组织。

③施药防治　发病期间,用 30％琥胶肥酸铜可湿性粉剂500 倍液,或 60％琥乙磷铝可湿性粉剂 500 倍液,或 14％络氨铜水剂 300 倍液,或 50％甲霜铜(瑞毒铜)可湿性粉剂 600倍液,或 2％春雷霉素水剂 400～750 倍液,或 77％可杀得可湿性微粒剂 400 倍液,或 40％细菌灵 1 片,加水 2.5 升,或70％百菌通 500～600 倍液,或 200 单位农用链霉素,或150～200 单位新植霉素喷洒。也可用 800～1000 倍高锰酸钾液,或

1∶4∶600 倍铜皂液,或1∶2∶300～400 倍波尔多液喷洒。

3. 白粉病

白粉病俗称白毛,是北方棚室黄瓜和露地黄瓜常见的严重病害,除危害黄瓜外,还危害西葫芦、南瓜、冬瓜、甜瓜等多种作物。

【症　状】　植株任何部分都可发生,其中以叶片为最多,一般不危害果实。发病初期,叶片正面或背面产生白色近圆形的小粉斑,逐渐扩大成边缘不明显的大片白粉区,布满叶面,好像撒了层白粉。这些白粉就是寄生在寄主表面的菌丝、分生孢子梗和分生孢子。白粉状物逐渐变成灰白色,有时呈红褐色,叶片枯黄。当气候条件不良,植株衰老时,病斑上出现散生或成堆的黑褐色小点,这是病原菌的闭囊壳,为其有性世代的繁殖器官。白粉病侵染叶柄和嫩茎后,症状与叶片上的相似,但病斑较小,粉状物也少。

白粉病菌在寄主表皮细胞上营外寄生,用吸器伸入到寄主细胞内吸取营养。因此,病叶上一般不出现坏死斑,叶片不脱落,仅枯黄。

【发病规律】　由子囊菌纲,白粉菌目,白粉菌科的二孢白粉菌及单丝壳白粉菌引起。两种白粉病菌的寄主范围都很广,除葫芦科作物外,还可侵染多种其他作物和杂草,如向日葵、车前草等。白粉病菌在温暖处,主要以菌丝及分生孢子在病株残体或杂草上越冬,翌年随气流、雨水传播;若遇低温、干燥,则以闭囊壳在病残体上越冬。翌年春产生子囊孢子,进行初侵染。分生孢子的寿命短,在 26℃ 中只能存活 9 小时,30℃ 以上或 -1℃ 以下很快失去活力,只有在 4℃ 时寿命稍长些。白粉病的分生孢子萌发时,要有较高的温度,以 20℃～25℃ 最为适宜,不能超过 30℃,或低于 10℃。对相对湿度的要求幅度很大,湿度愈高愈好,但即使低于 25％时也可萌发。而霜霉病的分生孢子萌发时,相对湿度至少要达到 80％以上。所以,湿度的高低是影响两种病害发生早晚的主要关键。白粉病菌萌发时,并不是要求有水滴,在水滴中常因分生孢子的高渗透压,吸水后膨压过度,使细胞破裂。所以,雨滴对孢子萌发不利。

白粉病在植株生长中、后期,容易发生。凡发病早的,后期病情重,损失亦大。而发病期的早晚及严重程度,主要取决于气候条件和栽培管理,与植株的发育阶段关系不大。

【防治方法】 ①实行轮作,加强管理,清除病残组织,选用抗病品种。②棚室种植前,每 100 立方米用硫黄粉 250 克,锯末 500 克混匀,或 45％百菌清烟剂 250 克,分放几处,点燃,密封熏 1 夜,进行消毒。③发病期间,及时选用 50％多菌灵可湿性粉剂 800 倍液,或 75％百菌清可湿性粉剂 600～800 倍液,或 25％的三唑酮可湿性粉剂 2 000 倍液,或 30％特富灵可湿性粉剂 1 500～2 000 倍液,或 70％甲基硫菌灵(甲基托布津)可湿性粉剂 1 000 倍液,或 50％硫黄胶悬剂 300 倍液或 40％多一硫(又叫灭病威)悬浮剂 120～150 克,加水 75 升喷洒。

百菌清为广谱杀菌剂,有保护和治疗作用。多菌灵、特富灵均具内吸性,为广谱杀菌剂,有保护和治疗作用。三唑酮也为内吸性杀菌剂,残效期长达 30 天,除对白粉病有效外,对炭疽病、黑斑病也有效。

另外,可用 2％的农抗 120 水剂或武夷菌素 200 倍液喷洒,或 5％百菌清粉尘,或升华硫黄粉喷撒。特别应提及的是用 0.1％～0.2％的小苏打溶液喷雾防效良好。小苏打为弱碱性物质,可抑制多种真菌的生长蔓延。喷洒后可分解成水和二氧化碳,尚有促进光合作用之效。而且价廉,安全,无污染。

防治白粉病的关键是早预防,减少病原。午前防,大水量,喷雾周到,这样既能将药喷匀、喷到,使白粉菌孢子胀裂,又不至于因过分提高空气湿度而引起霜霉病。各种药剂交替使用,防止长期单一使用一种药剂而产生抗药性,影响防效。

4. 缘枯病

【症 状】 叶、叶柄、茎、卷须、果实均可受害。叶部染病后,先在叶缘水孔附近产生水浸状小斑点,扩大后为淡褐色不规则形斑,周围有晕圈。病斑由叶缘向中间扩展,形成大的水浸状楔形病斑。叶柄、茎、卷须上的病斑,呈褐色水浸状。果实多由果柄处侵染,形成褐色水浸状病斑,果实黄化凋萎,脱水后僵硬,呈木乃伊状。空气湿度大时,病部溢出菌脓。

【发病规律】 由边缘假单胞菌引起。属细菌,菌体短杆状,极生鞭毛1～6根,无芽胞。病菌随病残体遗落在土壤中或附着于种子上越冬,成为翌年的初侵染源。靠风、雨、田间操作传播,由寄主自然孔道侵入。空气潮湿,植物体表面结露,加之叶缘吐水时容易流行。

【防治方法】 参考细菌性角斑病。

5. 细菌性叶枯病

【症 状】 主要危害叶片,叶片上先出现圆形水浸状褪绿小病斑,扩大后呈近圆形或多角形褐色斑,直径1～2毫米,周围具褪绿色晕圈。该病与细菌性角斑病的区别是病斑背面无菌脓。

【发病规律】 属细菌性病害,由野油菜黄单胞菌黄瓜叶斑病致病型菌引起。菌体两端钝圆杆状,极生1根鞭毛。发育适温 25℃～28℃,40℃以上不能生长,耐盐临界浓度 3%～4%。主要由种子带菌传播,在土壤中存活的时间短。

【防治方法】 主要防治方法是:加强种子检疫,进行种子处理,消灭种子带菌。其他防治措施可参考细菌性角斑病。

6. 灰 霉 病

【症 状】 为常发性病害,各地普遍发生,尤以棚室中较重。黄瓜的花、果实、叶和茎均可受害。大多从开败的雌花上开始侵染,果实开始膨大时最易发病,从花传至幼果,并沿瓜条向上扩展。病部初呈水浸状褪色斑,很快变软、萎缩、腐烂,表面密生灰色霉状物。被害瓜停止生长,头部腐烂。烂花、烂瓜及病卷须落在茎叶上引起茎叶发病。叶部病斑初为水浸状,再变成淡灰褐色,病斑直径可达 20～50 毫米,上生少量灰色粉状霉,边缘明显。茎上染病后使数节腐烂,瓜蔓折断,植株枯死,病部生灰褐色霉状物。

【发病规律】 由半知菌门葡萄孢属真菌灰葡萄孢菌引起,其有性世代称富尔核盘菌,为子囊菌亚门真菌。分生孢子梗直立、丛生,顶端有 1～2 次分枝,分枝顶端密生分生孢子。分生孢子球形或卵圆形。可形成菌核,菌核黑色、扁平,鼠屎状。以菌丝,分生孢子及菌核附着于病残体上,或遗留土壤中越冬。分生孢子在病残体上可存活 4～5 个月。越冬的分生孢子、菌丝、菌核成为翌年初侵染源,靠风雨及农事操作传播。病部产生的分生孢子及被害组织,落到茎叶及瓜等处,引起重复感染。该病菌侵染能力弱,故多由伤口、薄壁组织,尤其易从败花、老叶先端坏死处侵入。高湿(相对湿度 94%以上),较低温度(18℃～23℃),光照不足,植株长势弱时容易发病。气温超过 30℃或低于 4℃,相对湿度不足 90%时,停止蔓延。春季连续阴雨,气温低,湿度大,结露、吐水时间长,放风不及时时,发病重。

【防治方法】 ①生长期及时摘除病花、病果与病叶,带出室外,深埋或集中沤制;收获后彻底清除病残组织,对保护地进行深翻,将病残体埋入土壤下层,减少越冬病原。②加强管理,清除棚面尘土,增强通风,降低棚室湿度,减少结露和吐水。注意保温,上午适当晚放风,使棚室温度达33℃,下午通风,增强植株抗病力,抑制病菌蔓延。③及时用药。从黄瓜发病初期开始,可选用50%速克灵2 000倍液,或武夷菌素200倍液,或50%扑海因(异菌脲)1 000~1 500倍液,或50%福美双600倍液,或75%百菌清600倍液,或50%多菌灵500倍液,或70%甲基托布津1 000倍液,每7~10天喷洒1次,连续喷洒2~3次;也可用45%百菌清烟雾剂,或10%速克灵烟雾剂熏治,每667平方米250~350克,分放5~6处,傍晚点燃,闭棚过夜,隔6~7天再熏1次。也可用10%杀霉灵粉尘,或5%百菌清粉尘喷撒,每667平方米1千克,7天喷1次。

7. 菌核病

【症　状】 露地、保护地均可发生,尤以后者为最重。黄瓜各生育阶段都可发生,主要危害果实和茎蔓。苗期多发生于茎基部,先产生水浸状小病斑,扩大后可绕茎一周,形成环腐,引起倒伏。成株常在茎蔓中下部和主侧枝分叉处,约距地面5~100厘米的地方发病最多。先侵染老叶和凋萎的花,进而向叶柄、瓜条蔓延。病部呈水浸状,黄褐色,逐渐腐烂,上密生白色棉絮状菌丝体,菌丝体内包含有黑色鼠屎状菌核。菌核病的病部产生白色菌丝,这是与灰霉病产生灰色霉状菌丝相区别处。菌核病的病茎表皮软腐、纵裂,密生白菌丝,茎表皮和髓腔内均有菌核,病茎上部枯死。

【发病规律】 由子囊菌类的核盘菌属真菌核盘菌引起。菌核形成初期为白色,后转为黑色,近圆形,似鼠粪,长 3～15 毫米,在适宜条件下可产生 1～20 个子囊盘。子囊盘呈高脚杯状,直径 2～5 毫米,淡褐色。子囊圆柱形,内有子囊孢子 8 个。菌丝生长温度 0℃～30℃,最适 20℃,子囊孢子萌发温度 0℃～35℃,最适 15℃～20℃,相对湿度 98%～100%,不要求叶面有水膜。菌核萌发温度 5℃～30℃,最适 15℃,致死温度 50℃,5 分钟。菌核萌发不需光线,子囊盘形成需光。

以菌核随病残组织在土壤中或混于种子中越冬,翌年萌生子囊盘,伸出土表,产生子囊孢子。孢子借气流传播。孢子萌发后多从寄主下部衰老的叶片和花瓣侵入,使之腐烂、脱落。脱落的病叶、病花附着于茎、叶上引起再发病。菌核随种子调运远方,寿命为 4～11 年或更长,浸于水中 30 天即失去活力。菌核还可长出菌丝,直接侵染寄主近地面的茎叶。病株上的菌丝,新生菌核上形成的子囊盘产生的子囊孢子,或菌丝体都可进行扩大侵染,所以,发病很快。

子囊孢子较耐旱,干旱条件下放置 6 天,仍有 30% 的萌发率。菌核病对萌发条件要求不严格,寄主体表无水膜,只要空气湿度达 98%,子囊孢子也可萌发。菌丝不耐干燥,在湿土中的病残体上才能生长。土壤湿度大,空气湿度 85% 以上,气温 5℃～30℃,尤其 20℃ 左右时病菌生长快,发病重。空气湿度低于 65% 时,停止发病。

【防治方法】 ①种子用 50℃ 温水浸 10 分钟,或用 10% 盐水漂浮冲洗 2～3 次,灭除菌核后催芽播种。②实行轮作,特别是与水生作物轮作效果好。也可于夏季放水泡田 30 天,消灭土壤中的菌核病菌。若需与寄主作物连茬种植,前作收获后应清除病残组织,深翻地,埋没菌核,阻止子囊盘长出地面。也可在定植前每 667 平方米用 1～2 千克 40%五氯硝基苯粉剂,或五氯硝基苯与 50%多菌灵粉各半混合,取 1 千克,加细土 15 千克拌匀,撒施后耙入土中。③加强管理。定植后盖地膜,提高土温,降低空气湿度,抑制菌核萌发,并将子囊盘压在膜下,防止子囊孢子向外喷释。及时摘除老叶、病叶。膜下灌水,适当延长灌水时间。上午闷棚增温,下午放风排湿,减少棚膜及植体表面结露,控制病害发展。④地面发现子囊盘时,尽快用 50%多菌灵可湿性粉剂 500 倍液,或 70%甲基托布津 800～1 000 倍液,或 50%速克灵 1 500～2 000 倍液,或 50%扑海因 1 000～1 500 倍液,或 40%菌核利 1 000 倍液,或 50%农利灵 1 000 倍液喷洒,每 7～10 天 1 次,连喷 3～4 次。也可用 10%速克灵烟雾剂,或 45%百菌清烟雾剂,每 667 平方米 0.3 千克,每 8～10 天熏杀 1 次;或用 5%百菌清粉尘,每 667 平方米 1 千克喷撒。

8. 炭 疽 病

【症　状】　危害黄瓜子叶、叶片、叶柄、茎和瓜。幼苗受害后,子叶边缘出现褐色半圆形或圆形病斑,稍凹陷。幼茎基部变色、缢缩,引起倒伏。成株期叶部病斑近圆形,大小不等。初为水浸状,很快干枯,呈红褐色,边缘有黄色晕圈。病斑相互连接,形成不规则大病斑。病斑上轮生黑色小点,潮湿时生粉红色粘稠状物质,干燥时开裂穿孔。茎和叶柄上病斑灰白色至深褐色,稍凹陷,表面常有粉红色小点。茎叶被病斑环绕危害后叶片萎蔫下垂,植株枯死。未成熟瓜不易受害,老瓜特别是留种瓜易染病。瓜上病斑圆形,淡绿色,凹陷,后期褐色至黑褐色,表面有粉红色粘稠物。

【发病规律】 由半知菌亚门真菌,葫芦科刺盘孢菌引起。在寄主表皮下产生孢子盘,孢子盘初为红褐色,成熟后黑褐色并突出表皮,多聚生。孢子盘上着生分生孢子梗,梗上生分生孢子。分生孢子长卵圆形,常聚集成堆,呈粉红色。该病以菌丝体附着在种子上,或随病残组织在土壤中越冬。此外,棚室、架材、防寒设备也可带菌。

高温、高湿易发病。相对湿度达 87%～95%时潜育期仅 3 天;湿度低于 54%时不发病。温度 10℃～30℃之间可以发病,其中 22℃～24℃时发病最重。30℃以上,8℃以下停止发病。孢子萌发的适温为 22℃～27℃,低于 4℃时不萌发。通风不良,氮肥偏多,灌水过量,重茬,发病重。

【防治方法】 ①选用无病株,无病果留种。种子用 55℃温水浸泡 15～20 分钟,或用福尔马林 150 倍液浸种 1 小时,或 100 倍液浸种 0.5 小时,或 50%多菌灵 500 倍液,或 50%代森铵 500 倍液浸 1 小时,捞出,清水冲净,催芽播种。②加强通风,降低湿度,使棚室湿度保持在 70%以下,减少叶面结露和叶缘吐水。③实行 3 年以上轮作。清除病残组织。地膜覆盖,地上铺草,降低空气湿度。④及时用 50%多菌灵 500 倍液,或 75%百菌清 500～600 倍液,或 50%甲基托布津 500 倍液,或 65%代森锌 500～600 倍液,或 70%代森锰锌 400 倍液,或 50%炭疽福美 300～400 倍液,或 0.2%小苏打液,7 天1 次,连喷 3～4 次。也可用 5%百菌清粉尘,或 5%克霉灵粉尘,或 12%克炭灵粉尘喷撒。

9. 枯 萎 病

【症 状】 枯萎病又叫蔓割病、萎蔫病,是世界性病害,我国各地普遍发生。特别是保护地栽培中更重,已成为连作种植的重要障碍。黄瓜、西瓜、冬瓜、甜瓜都可受害。黄瓜各生育期都可感染,幼苗期发病后子叶变黄萎蔫,茎基呈黄褐色水浸状缢缩,根毛消失,幼苗猝倒死亡。成株期多在开花结果期或根瓜采收后发生:先从地面上近根颈处的叶片开始,一部分叶片,或植株一侧叶片,中午萎蔫,似缺水状,早、晚又恢复。萎蔫叶自下而上不断增加,渐及全株,萎蔫叶片不再恢复。茎基呈水浸状,软化缢缩,逐渐干枯,常纵裂。潮湿时,节和节间出现白至粉红色霉状物,即分生孢子座和分生孢子。横切病茎观察,维管束呈褐色。

【发病规律】 由半知菌亚门镰孢属真菌引起。黄瓜枯萎病是由黄瓜尖镰孢菌和西瓜尖镰孢菌引起,尤以前者居多。尖镰孢菌的气生菌丝为白色棉絮状,在培养基上菌落的底色为紫色、蓝色或淡黄色。小分生孢子长椭圆形,无隔或有隔,无色透明。大分生孢子镰刀形或纺锤形,无色透明,两端渐尖,顶细胞圆锥形。厚垣孢子顶生或间生,球形。该病菌主要以菌丝体,厚垣孢子及菌核在土壤和未腐熟的带菌有机肥中越冬,种子、农具、昆虫也可带菌。翌年从根部伤口或根毛顶端细胞间侵入,进入维管束,在导管内发育,由下向上发展,堵塞导管并产生毒素,使细胞中毒,植株萎蔫。整枝、绑蔓等农事操作可引起再侵染。该病菌在土壤中可存活 5 年以上。土壤积水阴湿,空气相对湿度超过 90% 时,容易发病。病菌发育和侵染的适宜温度为 24℃～27℃,最高 34℃,最低 4℃。土温 15℃时,潜育期 15 天,20℃时 9～10 天,25℃～30℃时仅 4～6 天。适宜的 pH 值 4.5～6。植株老化、连作、有机肥不腐熟、土壤粘重、干旱、偏酸时,容易发病。土壤中线虫除吸取瓜根营养、降低其抗病能力外,还会造成伤口,有利于枯萎病菌的侵入。所以土壤中线虫多的,枯萎病也严重。

【防治方法】 ①选用抗病品种,并实行5年以上轮作。②采用无病种子,从无病果中采种。如种子有带菌可能,宜用0.1%的60%防霉宝(多菌灵盐酸盐)超微粉加0.1%平平加渗透剂浸种1~2小时,或50%多菌灵500倍液浸种1小时,或福尔马林150倍液浸种1.5小时,然后用清水冲净,再催芽播种。③用新土或消毒土护根育苗,结合嫁接换根。④苗床每平方米用50%多菌灵8克,定植前每667平方米用50%多菌灵3千克,混入细土中,撒入定植穴内,进行土壤消毒。夏季黄瓜拉秧后,每667平方米用稻草或麦草1 000千克,切段撒到地面,再施石灰氮或石灰100千克,然后翻耕、灌水、铺膜、封棚,闷15~20天,使地表温度达70℃,10厘米地温达60℃,可有效地闷杀枯萎病菌等土传性病害及线虫。⑤加强管理,农家肥要充分腐熟。地膜栽培。浇水时做到小水勤浇,严禁大水漫灌。适当多中耕,促根壮苗。⑥发病初期用50%多菌灵500倍液,或50%甲基托布津400倍液,或25.9%抗枯宁500倍液,或10%双效灵200~300倍液,或800~1 500倍高锰酸钾液,或20%甲基立枯磷乳油1 000倍液灌根,每株0.25千克,每5~7天1次,连灌2~3次;用"瑞代合剂"(1份瑞毒霉,2份代森锰锌拌匀)140倍液,傍晚喷雾,有预防和治疗作用;用70%敌克松10克,加面粉20克,对水调成糊状,涂抹病茎,可防治病茎开裂。

10. 疫 病

【症 状】 疫病又叫疫霉病,俗称死秧。全国各地均有发生,常引起大片死秧。整个生长期,植株各个部位都能染病,尤其幼茎和嫩梢受害最重。幼苗染病多始于嫩尖,初呈暗绿色水渍状萎蔫,逐渐干枯呈秃尖状。成株发病,主要在茎基部或嫩茎节部,出现暗绿色水渍状斑,后变软缢缩,病部以上叶片萎蔫或全株枯死。同株上往往几处节部受害,维管束不变色。叶片染病产生圆形或不规则的水渍状病斑,直径可达 25 毫米,边缘不明显,扩展快。干燥时呈青白色,易碎裂。潮湿时,全叶腐烂,常下垂。近地面处果实易受害,大多从花蒂处开始,病部呈暗绿色,凹陷,迅速软腐,表面长出灰白色稀疏霉状物。当有腐生性细菌混生时,则常有腥臭味。

【发病规律】 由鞭毛菌亚门真菌甜瓜疫霉引起。菌丝无色,多分枝,有瘤状结节或不规则球状体,孢子囊无色,卵圆形至长椭圆形,萌发时产生许多游动孢子。游动孢子无色,单胞,具 2 根鞭毛,静止后长出芽管,孢子囊有时可直接萌发芽管,鲜有厚垣孢子。

土传,以菌丝体、卵孢子及厚垣孢子随病残体在土壤或粪肥中越冬,成为翌年初侵染源。条件适宜时产生孢子囊,借风、雨、灌溉水传播。病菌生长发育的温度为 9℃～37℃,最适温度 28℃～30℃。在适温范围内,湿度是关键。病变组织接触水后 4～5 小时即可产生大量游动孢子,而其发病的潜育期极短,在 25℃～30℃中经 24 小时即可发病。因此,夏季多雨年份,特别是土地低洼积水、湿热环境容易发病。该病的卵孢子在土壤中可存活 5 年以上,所以,重茬地发病早而重。

【防治方法】 ①选用抗病品种,实行 5 年以上轮作,并用南瓜做砧木进行嫁接换根,可兼治枯萎病和疫病。②种子用福尔马林 100 倍液浸种 30 分钟,或霜疫灵 300 倍液浸种 1 小时,或 72.2％普力克 800 倍液浸种 30 分钟,或按种子量 0.3％加入 25％的瑞毒霉,或加入种子量 0.14％的 50％福美双拌种。也可在每平方米苗床内用 25％甲霜灵可湿性粉剂 8 克,拌土撒在床面上防治。③高畦地膜覆盖栽培。苗期控制灌水,结果期见干见湿,切勿大水漫灌。及时清理病残组织,加强通风,降低湿度,防止蔓延。④发病初期开始用70%乙磷锰锌500倍液,或72.2%普克力600～700倍液,或58%甲霜灵锰锌500倍液,或64%杀毒矾500倍液,或50%甲霜铜600倍液,或25%甲霜灵800倍液加40%福美双800倍液灌根或喷洒,每株0.25千克,7～10天施药1次,病情严重时每5天1次,连续3次。

11. 黑星病

【症　状】　黑星病是世界性病害,是塑料大棚和温室等保护地栽培中的毁灭性病害。危害叶、茎和果实。苗期发病,子叶出现黄白色近圆形病斑,幼苗停止生长。叶片受害,初为水浸状褪绿小病斑,渐呈圆形浅褐色大病斑,干枯穿孔,孔边缘呈星状。叶柄、茎受害后,生暗绿色椭圆形或长圆形凹陷,呈深绿色,分泌乳白色胶粒,渐呈琥珀色,干硬后易脱落,病部呈疮痂状龟裂。黑星病与细菌性角斑病的区别见表4。

表4　黄瓜黑星病与细菌性角斑病的区别

黑　星　病	细菌性角斑病
叶片病斑圆形至椭圆形,受叶脉限制,后期呈星状开裂穿孔	叶片病斑多角性,受叶脉限制,后期病斑穿孔
病菌可侵染叶片、叶脉、叶柄、卷须、茎、果柄及瓜条	主要侵染叶片、瓜条
真菌性病害。被害部流出胶体物,为植物体液,由乳白色转为琥珀色。潮湿时病斑上产生灰褐色霉层,瓜条不变软、不腐烂	细菌性病害。病斑溢泌乳白色菌脓,后期瓜病部变软、腐烂

【发病规律】 由半知菌亚门枝孢属真菌瓜疮痂枝孢霉引起。菌丝无色,分生孢子串生,浅褐色、椭圆形,多数单孢。以菌丝体随病残组织在土中或附着于棚架上越冬,或以分生孢子附着于种子表面,或以菌丝潜伏于种皮内。带菌种子直接侵染幼苗,土壤中病残组织上的菌丝,越冬后产生分生孢子进行侵染,靠风、雨、灌水及农事操作传播,从表皮或气孔、伤口侵入。病菌发育的温度为2℃～35℃,最适温度20℃～22℃,最适空气相对湿度90%以上。孢子萌发须有水膜,因此,阴雨多、通风不良时易发病。

【防治方法】 ①选用抗病品种;选用无病种子;加强检疫,保护无病区;实行轮作。②用55℃温水浸种15分钟,或用25%多菌灵300倍液浸种1～2小时。③温室定植前半个月,每110平方米用硫黄250克,锯末500克混合,分放几处点燃,密闭熏蒸1夜。④控制水分,降低湿度。⑤开始发病时,用50%多菌灵500倍液,或70%百菌清600倍液,或70%甲基托布津1000倍液,或50%扑海因1000倍液,或70%代森锰锌500倍液喷洒,重点喷洒中上部茎叶和生长点,每7～10天喷1次,连喷3～4次。也可每667平方米用10%多百粉尘剂1千克喷撒,或用45%百菌清烟雾剂200～300克熏蒸。

(二)虫害防治

1. 螨

螨是为害瓜类蜘蛛的总称,主要有朱砂叶螨(红蜘蛛)和茶黄螨两种。朱砂叶螨又叫棉红蜘蛛、红叶螨;茶黄螨又叫茶半跗线螨、茶嫩叶螨、黄茶螨、侧多食附线螨。杂食,如茶黄螨对黄瓜、番茄、茄子、青椒、豇豆、菜豆、马铃薯等多种蔬菜都可为害。成螨和幼螨集中在作物幼嫩部分吮吸汁液,使叶片背面呈灰褐或黄褐色,具油质光泽,叶缘下卷,嫩枝、嫩茎变黄褐色,扭曲畸形,顶部干枯。螨繁殖快,成螨活跃,主要靠人为携带、气流飘移和爬行传播,高温干旱容易流行。

防治方法:①喷药防治。可选用下列农药:1.8%仿生农药农克螨(有效成分是爱比菌素)乳油 2 000 倍液,或 50%三唑环锡可湿性粉剂 3 000 倍液,或 20%灭扫利乳油 2 000 倍液,或 20%螨克乳油 2 000 倍液,或 20%氯·马乳油 2 000～3 000 倍液,或 25%灭螨锰 1 000 倍液,或 5%尼索朗(噻螨酮)乳油 2 000 倍液,或 21%灭杀毙乳油 2 000 倍液,或天王星(联苯菊酯 2.5%乳油)3 000倍液,或 25%增效喹硫磷乳油 800～1 000 倍液喷洒。②温室熏药。每 37 立方米温室,用 1 千克溴甲烷,或 80%的敌敌畏乳剂 100 毫升,熏 16 小时。

2. 地 蛆

地蛆又叫根蛆,为双翅目花蝇科种蝇、葱蝇、萝卜蝇和小萝卜蝇等几种常见蝇类幼虫的总称。种蝇为世界性害虫,杂食性,为害多种蔬菜及作物,主要以幼虫为害播种后的种子和幼茎,或残留在种株上为害根部,引起腐烂。4 种地蛆的形态相似,成虫为一种小蝇子,卵乳白色。幼虫长 7 毫米左右,乳白色至略带淡黄色。以蛹在土中越冬,早春日平均气温稳定在 5℃以上时始见成虫,13℃以上时数量大增。成虫喜聚集在臭味大的粪肥上,早晚潜伏土缝中,晴天中午活动频繁。成虫在日均温达 13℃～14℃时开始产卵,幼虫孵化后即为害幼芽、根部及幼茎,使幼苗枯黄,地下部腐烂。高燥、缺水处受害重,其趋腐性和背光性强,故都在地下活动,能在土中转株为害。

防治方法:施用的农家肥要充分腐熟,深施、施匀,尽量和种子隔开，肥中拌药。发生为害后要勤浇水，并用50％辛硫磷800倍液灌根。

3. 瓜实蝇

瓜实蝇属双翅目实蝇科害虫。多分布于江苏、福建、海南、广东、广西、贵州、云南、四川、湖南、台湾等省、自治区。张全胜于2001年首次在抚州发现此虫为害黄瓜等葫芦科作物。受害黄瓜，产量损失为2％～3％。

成虫体似蜂，黄褐色至红褐色，长7～9毫米，宽3～4毫米，翅长7毫米，雌虫比雄虫略小，初羽化成虫体色较淡，体大小不及产卵成虫的一半。复眼茶褐色或蓝绿色，有光泽，复眼间有前后排列的两个褐色斑，触角黑色，后顶鬃和背侧鬃明显。前胸背面两侧各有1黄色斑点，中胸两侧各有1较粗黄色竖条斑，背面有并列的3条黄色纵纹，后胸小盾片黄色至土黄色；翅膜质、透明、有光泽，亚前缘脉和臀区各有1长条斑，翅尖有1圆形斑，径中横脉和中肘横脉有1前窄后宽的斑块；腿节淡黄色。腹部近椭圆形，向内凹陷如汤匙，腹部背面第三节前缘有1狭长黑色横纹，从横纹中央向后直达尾端有1黑色纵纹，2纹形成1个明显的"T"形；产卵器扁平，坚硬。蛹初为米黄色，后黄褐色，长约5毫米，圆筒形。卵细长，乳白色，长0.8～1.3毫米。幼虫蛆状，初为乳白色，长1.1毫米；老熟幼虫米黄色，长10～12毫米，前小后大，尾端最大，呈截形。口钩黑褐色，有时透过表皮可见其呈窄"V"字形，尾端截形面上有2个突出颗粒，呈黑褐色或淡褐色。

成虫白天活动，飞翔迅捷，尤以上午8时至10时和下午4时至7时活动最盛。雨天及休息时常静伏于叶背、杂草丛中或瓜棚下，夜间不活动。初羽化的成虫需经过一段时间的补充营养才能产卵,田间成熟苦瓜裂口处常见成虫聚集在红色瓜瓤上。喜为害绿白型苦瓜,对绿色型苦瓜为害相对较轻。成虫以产卵器刺入瓜皮产卵,1次可产卵几粒至几十粒。卵粒排列不规则。瓜表皮硬化前成虫均能在其上产卵,苦瓜以直径1.5厘米以上受害最重。产卵孔一般在瓜体侧面的瓜瘤间,极少数也可位于瓜的两端,深3～4毫米,产卵孔流出汁液。有时成虫亦把卵产在瓜瘤间的汁液中。若卵孵化期汁液未干,孵化出的幼虫,可从产卵孔爬入瓜内为害,反之,卵不能孵化而死亡。发生较重时1个瓜上可见几处产卵孔,几个雌虫也可产卵于同一产卵孔,导致幼虫发育大小不一。产卵孔初不明显,后渐显著扩大或被瓜汁封住。初孵幼虫先从产卵孔向瓜心中央水平为害,然后向下端为害,最后向上端扩展。幼虫钻蛀为害瓜瓤及籽粒,呈暗褐色破絮状或粘连颗粒状,有臭味。瓜瓤被害后,瓜皮初仍呈绿色,后渐转黄色至红黄色或灰黄色,最后,产卵孔以下瓜段成灰白色水渍状腐烂脱落,或不腐烂而孔周围组织畸形下陷,果皮坚硬。老熟幼虫可头尾相接弹跃出瓜体,平面1次可弹出8～14厘米远,一般达10厘米,落到地面即钻入土中化蛹。蛹期3～4天。幼虫期可达12～15天。

防治方法:①人工摘除受害瓜,并收集烂瓜,深埋处理;同时应对落瓜附近的土面喷淋50%辛硫磷乳油800倍液,防蛹羽化。②毒饵诱杀成虫,因地制宜,用诸如香蕉皮、菠萝皮或煮熟发酵的老南瓜、甘薯等能发生酸甜气味的物质30～40份做基本诱剂,以香精1份或食糖1份做补助诱剂,以90%晶体敌百虫0.5份做毒剂。三者混合加水调成糊状毒饵,涂在纸片上或装入容器中,挂在瓜棚下,每667平方米设20个点,毒饵要经常更换。③在成虫盛发期,于上午8时至10时或下午5时至7时喷药防治,药剂可选用2.5%溴氰菊酯(敌杀死)乳油 2 500 倍液、或 21％灭杀毙乳油 4 000 倍液、或 20％氰戊菊酯(速灭杀丁)乳油 3 000 倍液,每 3～5 天喷 1 次,连续 2～3 次。

4. 黄瓜根结线虫

随着保护地蔬菜种植面积的扩大,受高温、高湿、封闭和连茬种植等因素影响,黄瓜根结线虫病呈逐年加重趋势,并上升为黄瓜生产上的重要虫害,一般减产 20％～30％,重者 50％以上,甚至绝产。

主要为害根部,受害后,侧根增多,并在根端部形成球形或圆锥形大小不等的瘤状物,有时串生。瘤状物初为白色,质地柔软,后变为褐色至暗褐色,表面有时龟裂。解剖根结,病部组织呈现细小乳白色线虫。根结上一般可长出细弱的新根,致寄主再度染病,形成根结。地上部表面症状因发病的轻重程度而有差异,轻病株症状不明显,重病株矮小、黄化、萎蔫,影响结瓜,且瓜条多为畸形。发病严重时,全株枯死。

黄瓜根结线虫病是由南方根结线虫、北方根结线虫、高弓根结线虫等线虫为害引起发病的。它是一类无色、透明、不分节的无脊椎动物,雌雄异形,雌幼虫呈细长蠕虫状,雄虫线状,尾部稍圆,无色透明,大小 1～1.5 毫米×0.03～0.04 毫米,雌成虫梨形,每头雌线虫可产卵 300～800 粒,卵产在尾端分泌出的胶质卵囊内。雌虫多埋藏于寄主组织内,大小 0.44～1.59 毫米×0.26～0.81 毫米。发育适宜温度为 28℃～30℃,高于 40℃,低于 5℃很少活动,55℃经 10 分钟致死。主要分布在土壤 5～30 厘米土层内,以 5～10 厘米土层内分布最多,常以卵或 2 龄幼虫随病残体遗留在土壤中越冬,病土、病苗及灌溉水是主要传播途径。田间土壤湿度是影响孵化的重要条件,一般保护地温湿度适合蔬菜生长,也适于根结线虫活动,有利于发病,且连茬种植发病重。线虫在土壤中一般存活1~3年,立春遇到适宜的环境条件,由埋藏在寄主根内的雌虫,产生单细胞的卵,卵产下经几小时形成1龄幼虫,脱皮后孵出2龄幼虫,离开卵块的2龄幼虫在土壤粒间水中游动,寻找作物根尖,由根冠上方侵入定居在生长锥内,其分泌物刺激导管细胞膨胀,使根形成巨型细胞虫瘿,即根结。在生长季节根结线虫的几个世代以对数增殖,发育到4龄时交尾产卵,卵在根结里孵化发育,2龄后离开卵块,进入土中进行再侵染或越冬。

防治方法:①采用无线虫的土壤育苗或播种前药剂处理土壤,严防定植病苗。②深翻土层25厘米以上,将大部分线虫翻到深层,可有效地减轻为害。收获前彻底清除病残体,将埋在土层内的须根全部挖出,深埋或烧毁。③在黄瓜定植前,用10%益舒丰每667平方米1000~1500克,开沟穴施,或用1.8%虫螨克,或6.73%阿维虫清每平方米1~1.5毫升,对水6升;土壤消毒或黄瓜定植时,每667平方米1000毫升,对水5000~6000倍进行沟施或穴施,然后封垄,1个月后再灌根1~2次,防效率达90%左右,残效期可达20天以上。

金盾版图书,科学实用,
通俗易懂,物美价廉,欢迎选购

怎样种好菜园(新编北
方本修订版) 19.00元

怎样种好菜园(南方本
第二次修订版) 8.50元

菜田农药安全合理使用
150题 7.00元

露地蔬菜高效栽培模式 9.00元

图说蔬菜嫁接育苗技术 14.00元

蔬菜贮运工培训教材 8.00元

蔬菜生产手册 11.50元

蔬菜栽培实用技术 25.00元

蔬菜生产实用新技术 17.00元

蔬菜嫁接栽培实用技术 10.00元

蔬菜无土栽培技术
操作规程 6.00元

蔬菜调控与保鲜实用
技术 18.50元

蔬菜科学施肥 9.00元

蔬菜配方施肥120题 6.50元

蔬菜施肥技术问答(修订

版) 8.00元

现代蔬菜灌溉技术 7.00元

城郊农村如何发展蔬菜
业 6.50元

蔬菜规模化种植致富第
一村——山东省寿光市
三元朱村 10.00元

种菜关键技术121题 13.00元

菜田除草新技术 7.00元

蔬菜无土栽培新技术
(修订版) 14.00元

无公害蔬菜栽培新技术 9.00元

长江流域冬季蔬菜栽培
技术 10.00元

南方高山蔬菜生产技术 16.00元

夏季绿叶蔬菜栽培技术 4.60元

四季叶菜生产技术160
题 7.00元

绿叶菜类蔬菜园艺工培
训教材 9.00元

　　以上图书由全国各地新华书店经销。凡向本社邮购图书或音像制品,可通过邮局汇款,在汇单"附言"栏填写所购书目,邮购图书均可享受9折优惠。购书30元(按打折后实款计算)以上的免收邮挂费,购书不足30元的按邮局资费标准收取3元挂号费,邮寄费由我社承担。邮购地址:北京市丰台区晓月中路29号,邮政编码:100072,联系人:金友,电话:(010)83210681、83210682、83219215、83219217(传真)。